Sabine Ellinger

Die Pony-Akademie

Von der Grundausbildung
bis zur Hohen Schule

KOSMOS

Inhalt

>>>
Fahren

>>>
Arbeit an der Hand

>>>
It's Showtime!

>>>
Stimm-Training

>>>
Problemlösungen

>>>
Service

Zum Geleit

Sabine Ellinger habe ich ursprünglich durch ihren Mann Erich Ellinger kennengelernt, der bei mir seine Ausbildung absolvierte und anschließend lange Zeit in meinem Betrieb als zuverlässiger und kompetenter Mitarbeiter tätig war. Inzwischen leiten seine Frau und er seit vielen Jahren einen erfolgreichen, weithin bekannten Ausbildungsbetrieb.

Sabine Ellinger ist schon mehrfach mit ihrer Shetty-Schaunummer auf dem in meiner Reitschule veranstalteten Dressurturnier aufgetreten und hat damit wahre Begeisterungsstürme ausgelöst. Das liegt sicherlich zum einen daran, dass (wie sie selbst schreibt) „die meisten Reitersleute von einem Mini-Pony oder Shetty einfach keine Leistung erwarten und dann wirklich erstaunt sind, wenn man eine Menge zeigen kann". Zum andern aber führt sie mit ihrem Pony an der Hand Dressurlektionen der höchsten Schwierigkeitsgrade in einer Perfektion vor, die auch jedem Großpferdefachmann Anerkennung abnötigen.

Sabine Ellinger ist nicht nur begeisterte Ausbilderin von Ponys, sondern auch eine erfahrene und erfolgreiche Reiterin im Sattel von Großpferden. Ihr fundiertes Fachwissen über Pferde fließt in ihr Pony-Lehrbuch ein.

Möge ihre „Pony-Akademie", wie die Verfasserin hofft, dazu beitragen, den „Ponys aus ihrem Schattendasein herauszuhelfen und jedem Interessierten ein Konzept aufzuzeigen, wie man auch als Erwachsener viel Spaß bei der Ausbildung seines Ponys haben kann."

Ich wünsche Sabine Ellinger und ihrem Buch viel Erfolg und viele dankbare Leser.

Manfred Hölzel

In den 60er und 70er Jahren einer der erfolgreichsten
Turnierreiter Baden Württembergs in den Disziplinen
Dressur, Springen und Vielseitigkeit bis Klasse S.
Ausbilder von zahlreichen erfolgreichen Turnierpferden
sowie Berufsreitern. Leiter der bundesweit bekannten
Reitschule Hölzel, Stuttgart.

Warum Ponys soviel Spaß machen

Ponys und Mini-Ponys werden oft nicht ernst genommen und häufig als billige Beistellpferde gekauft, zum Rasenmäher degradiert oder nach dem Herauswachsen der Kinder in die Ecke gestellt und als unnütz abgestempelt. Im schlimmsten Fall landen die Ponys dann beim Schlachter, Händler oder als Verleihpferd auf einem Ponyhof. Im Gegensatz zu den größeren Sportponys, die auf Turnieren eingesetzt werden, herrscht die Meinung, mit Shettys nichts Vernünftiges anfangen zu können. Als Reitpony zu klein, als Beistellpferd zu dickköpfig und zu allem auch noch boshaft intelligent.

Diese Intelligenz kann aber auch sehr von Vorteil sein, wenn man es versteht mit einem Pony umzugehen. Die Möglichkeiten, Spaß und auch Erfolg mit seinem Pony zu genießen, sind sehr vielfältig und ganz individuell. Auch ohne Reiten ist die Ausbildung an der Hand und an der Longe nicht im Geringsten langweilig oder eintönig. Um ehrlich zu sein, es gibt Tage, da arbeite ich lieber mit dem Pony, als zu reiten.

Es ist eine echte Herausforderung, so einen Mini zum Piaffieren zu bringen und das erste Ablegen auf Kommando bleibt ewig in Erinnerung. Es macht schlichtweg Spaß und bringt gute Laune, sein Pony einzufahren und dann mit ihm unterwegs zu sein. Eine Schauvorführung mit einem guten Pony bekommt meist mehr Beachtung und Beifall als dieselbe Qualität mit einem Großpferd gezeigt. Vielleicht weil die meisten Reitersleute von einem Mini-Pony oder Shetty einfach keine Leistung erwarten und dann wirklich erstaunt sind, wenn man eine ganze Menge zeigen kann. Ich bin bei der Arbeit mit einem Mini keinem Leistungsdruck ausgesetzt. So kann ich völlig unbefangen und unbelastet mein Pony ausbilden und ganz nebenher die Leute überraschen. Es ist mir ein großes Anliegen, diesen Ponys aus ihrem Schattendasein herauszuhelfen und jedem Interessierten ein Konzept aufzuzeigen, wie man auch als Erwachsener viel Spaß bei der Ausbildung seines Ponys haben kann.

Zucht und Auswahl von Ponys

Ponytypische Eigenschaften

Die Zucht von Mini-Ponys und Shettys wird in Deutschland mittlerweile immer beliebter. Erfreulicherweise werden Ponys nicht mehr nur vermehrt, sondern durchlaufen bei Körungen und Zuchtschauen ähnliche Prozesse wie das Deutsche Reitpferd. Die Qualität, was die Reit- und Fahreigenschaften angeht, verbessert sich dadurch zusehends. Gravierende Gebäudemängel kommen zwar immer noch vor, jedoch längst nicht mehr in dem Ausmaß wie noch vor zwanzig Jahren. Über die speziellen Zuchten und Philosophien sind schon viele Bücher geschrieben worden, und ich möchte nur auf den Punkt eingehen, der die dressurmäßige Arbeit mit den Ponys betrifft. Als Gegenbeispiel zur „Ponyvermehrung"

möchte ich die Zuchtauswahl unseres Deutschen Reitponys nehmen. Seit vielen Jahrzehnten wird in Deutschland ein Sportpony gezüchtet, das alle Anforderungen an die verschiedenen Disziplinen hervorragend erfüllt. Selektiert wird in erster Linie auf Gangvermögen, Springtalent, Exterieur und Interieur. Alle Eigenschaften haben sich in den letzten zwei Jahrzehnten enorm verbessert, weil neben der Eignung für bestimmte Disziplinen streng darauf geachtet wurde, ein möglichst kooperatives und freundliches Pony zu züchten. Auf einer Notenskala von 0 bis 10 werden Temperament und Charakter bewertet.

In früheren Zeiten waren die Pferde, auch ohne vom Menschen verdorben

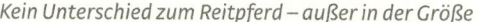

Kein Unterschied zum Reitpferd – außer in der Größe

worden zu sein, oftmals bissig und schwierig im Umgang. Durch gezielte Selektion wurden diese Mängel weggezüchtet. Was nicht heißen soll, dass es keine schwierigen Pferde mehr gibt, aber größtenteils werden sie vom Menschen so gemacht und sind von Natur aus völlig in Ordnung.

Shettys mussten, bevor sie zu Kinderreitponys umfunktioniert wurden, ein häufig hartes Los tragen. Sie trotzten Stürmen, Kälte und Hunger und mussten hart, durchsetzungsfähig und sehr genügsam sein, um durchzukommen.

Eigenschaften wie Dickköpfigkeit, Beharrlichkeit, Sturheit und Leichtfuttrigkeit sicherten ihr Überleben. Sie wurden in den Stollen der Kohlebergwerke zum Ziehen der Loren verwendet und verbrachten lange Zeit ohne Sonnenlicht. Kein Mensch dachte daran, bei der Zucht bzw. Vermehrung auf Gebäude- und Temperamentsmängel zu achten, die einer dressurmäßigen Ausbildung im Weg stehen könnten. Die Menschen hatten wahrhaft andere Sorgen.

Heute haben wir die Nachfahren dieser Ponys im Stall. Und noch immer haben sehr viele Exemplare diese Eigenschaften, die einst überlebenswichtig waren. Für unsere Arbeit bedeutet dies, dass wir lernen müssen, diese Eigenheiten für uns zu nutzen. Die Leichtfuttrigkeit der Ponys belastet unseren Geld-

Ein ausdrucksvolles Hengstgesicht

beutel wenig, aber ein Zuviel an eiweißreichem Futter kann Krankheit und Unbrauchbarkeit zur Folge haben. Die hohe Intelligenz beschleunigt den Lernprozess, aber bei Langeweile nutzen Ponys ihre Intelligenz, um uns die Langeweile zu vertreiben. Die gewisse Sturheit, die vielen Ponys eigen ist, muss man ohne Kampf in die richtigen Bahnen lenken, um ihr volles Potenzial auszuschöpfen. Jeder „Züchter" sollte sich genau überlegen, welche Individuen er paart, da ein Zusammenkommen von negativen Eigenschaften sich im Fohlen höchstwahrscheinlich noch verstärkt. Für diese Tiere können nur sehr schwer Besitzer gefunden werden, die sich die Mühe machen, damit umzugehen und klarzukommen.

Auswahl der Elterntiere

Bei der Auswahl von Hengst und Stute sollten Sie darauf achten, nur gesunde Ponys, die keine gravierenden Exterieur- oder Interieurfehler haben, zu paaren.

Nur ein typvoller, gesunder und kraftvoller Hengst...

...sowie eine ebensolche Stute sind geeignet zur Zucht.

Aus der eigenen Stute ein Fohlen zu ziehen, nur weil sie so süß ist, ist keine gute Idee. Denken Sie immer daran, dass ein Fohlen zwar im ersten Sommer sehr niedlich aussieht, aber dass das allein nicht reicht, um später einen guten Käufer dafür zu finden. Solche Tiere landen dann vielleicht auf einem Pferdemarkt oder es passiert ihnen noch Schlimmeres. Beide Elterntiere sollten vor einer Zuchtkommission Bestand haben, so dass das Fohlen auch Papiere bekommt und dadurch eine Zukunft hat.

Aufzucht

Die Aufzucht eines Shettyfohlens ist nicht anders als die eines Warmblutfohlens. Auch ein Shetty oder Mini-Pony braucht eine Herde und große Flächen, um artgerecht und gesund aufzuwachsen. Möglichst gleichaltrige Spielkameraden sind ebenfalls ganz wichtig, um das Sozialverhalten zu entwickeln, das später einen unkomplizierten Umgang ermöglicht. Es ist traurig zu sehen, wie Ponys oftmals in notdürftigen Schuppen mit einem kleinen Garten drumherum aufgezogen

Ein prächtiges Stutfohlen

intensiv in der Fütterung sind, ist die Aufzucht, wenn man es richtig macht, nicht viel weniger aufwendig. Dafür geben Sie dem jungen Tier aber auch den richtigen Start ins Leben.

Auch ein Shetty-Fohlen braucht große Flächen zum Galoppieren.

werden. Fohlen brauchen viel Bewegung, damit sich Herz, Lungen und das Fundament kräftigen. Das tägliche Spiel mit den Artgenossen und die Rangeleien untereinander sind das beste Training für ein junges Pferd.

Denken Sie daran, dass eine gute Aufzucht auch Geld kostet. Die Fohlen müssen geimpft und regelmäßig entwurmt werden, die Hufe müssen korrigiert werden und das Fohlen kann auch einmal krank werden. Abgesehen davon, dass Ponys natürlich weniger kosten-

Gebäudebedingte Schwierigkeiten

Bei den zirzensischen Lektionen spielen Gebäudemängel keine große Rolle, in der dressurmäßigen Ausbildung können sie unter Umständen größere Schwierigkeiten bereiten. Mini-Ponys sind oftmals im Gebäude nicht ideal, weil viele Züchter dies bei der Selektion der Elterntiere nicht genügend oder gar nicht beachten und nur auf Kleinwüchsigkeit züchten. Schlecht angesetzte Hälse, ungünstig gewinkelte und schwache Hinterbeine, enge Ganaschen und besonders Fehlstellungen des Fundamentes können die dressurmäßige Ausbildung sehr erschweren und in manchen Fällen sogar fast unmöglich machen.

Kriterien, die für Großpferde gelten, treffen auch für Mini-Ponys zu. Enge Ganaschen behindern die Beizäumung, eine schlechte Hinterhand erschwert die Versammlung und unkorrekte Gliedmaßen sind wenig belastbar. Einzig die Größen- und Hebelverhältnisse und die Tatsache, dass diese Ponys in der Regel nicht geritten werden, relativieren die Probleme.

Bei der Auswahl eines Ponys sollte man jedoch in jedem Fall auf ein korrektes Gebäude Wert legen. Vor allem bei der Zucht von Mini-Ponys muss man bedenken, dass auch diese Rassen durch Selektion verbessert und nicht nur „vermehrt" werden dürfen.

Das Exterieur

Pferdekenner sind keine Fehlersucher! Da ist etwas dran. Man muss allerdings in der Lage sein, Gebäudefehler zu erkennen und zu werten. Es gibt Gebäudefehler, die einer dressurmäßigen Arbeit nicht im Wege stehen. Deshalb sind sie auch kein Grund, ein Pony nicht zu kaufen. Ein Pony kann aber mit Gebäudefehlern behaftet sein, die es auch bei größter Anstrengung und Bemühung ständig behindern. Wenn es überhaupt möglich ist, muss solch ein Pony das Vielfache an Arbeit absolvieren im Vergleich zu einem gut gebauten Pony, um dasselbe Ergebnis zu erzielen. Bei der Auswahl eines Ponys sollte man daher wenigstens annähernd die Maßstäbe eines Reitpferdes anlegen, um Enttäuschungen zu vermeiden.

Seien Sie daher kritisch in der Beurteilung folgender Punkte:

Die wichtigsten „Reitpony-Points"

Kopf Das Pony sollte ein sympathisches Gesicht mit großen ausdrucksvollen Augen haben. Man kann am Gesichtsausdruck schon viel über die Charaktereigenschaften eines Ponys ablesen. Die Kopfform spielt zwar keine Rolle, aber die Ganaschenfreiheit. Enge Ganaschen erschweren das Nachgeben im Genick erheblich! Das Genick muss so beweglich sein wie ein Kugellager. Breite Backenknochen in Verbindung mit engen Ganaschen sind sehr hinderlich, finden sich bei Ponys jedoch häufig.

Hals Eine gute Halsform erleichtert die Anlehnung. Hirschhälse, tief angesetzte Hälse und das Gegenteil, ein Schwanenhals, sind viel schwerer in die optimale Anlehnung zu bringen. Der Hals sollte an

Ein makelloses Exterieur bietet die besten Voraussetzungen.

der Basis breit, relativ weit oben angesetzt sein und sich dann harmonisch bis zum Genick verjüngen, d. h. leichter werden.

Schulter Raumgreifende Tritte sind nur aus einer gut gelagerten, schrägen Schulter möglich. Ponys mit steiler Schulter sind dazu kaum in der Lage und neigen sehr zum Trippeln und Eiligwerden.

Rücken Ein guter, sanft geschwungener Rücken ist die halbe Miete. Die Schwungentwicklung, die Tragkraft und alles was aus der Hinterhand kommt, wird über den schwingenden Rücken übertragen. Senkrücken und Karpfenrücken sind steif und unflexibel, das Pony kommt nur schwer zur Losgelassenheit.

Kruppe Eine überbaute Kruppe bedeutet für ein Pony, das versammelt

gehen soll, einen riesigen Mehraufwand an Kraft. Die meisten versammelten Lektionen sind, je nach Versammlungsgrad, überhaupt nicht möglich.

Hinterhand Die Hinterhand ist der Motor des Pferdes! Alles, was hier nicht stimmt, kann nur schwer ausgeglichen werden. Eine gute Winkelung im gesamten Hinterbein erleichtert die Versammlung ungemein. Die Hinterhand soll schon von oben herab möglichst breit und gut ausgebildet sein, um der Muskulatur viel Raum zur Entwicklung zu geben.

Fundament Die Beine des Ponys tragen den Körper. Deshalb sollten sie gerade und ohne gravierende Stellungsfehler sein. Die Gelenke müssen vor allem bei hochversammelten Lektionen und

Schulsprüngen einiges aushalten. Je ausgeprägter die Gelenke sind, desto belastbarer sind sie in der Regel. Die Beine sollten vor allem trocken und nirgends schwammig oder angelaufen sein. Ein belastbares Pony hat immer trockene, harte Beine und ebensolche Hufe.

Hufe und Gelenke Die Hufe sollten gleichmäßig, vorne rund, hinten oval und ohne Rillen, Spalten oder Risse sein. Ein optimaler Ponyhuf, der meist nicht beschlagen werden muss, ist genügend groß mit hartem Hufhorn und gut ausgeprägtem Strahl.

Die Hufe und Gelenke unserer Ponys werden starkt beansprucht und unterschiedlichen Böden ausgesetzt – ein Grund sie gut im Auge zu behalten.

Auf den Bildern ist außer der Hufstellung auch schön zu sehen, wie gut ausgeprägte Gelenke bei einem Pony aussehen. Sie sind breit und im Durchmesser deutlich stärker als die Röhrbeine. Die Einschienung der Röhrbeine hat einen harmonischen und gleichmäßigen Verlauf ohne Verdickungen. Bei optimaler Beinstellung kann man, von vorne gesehen, ein Lot durch Sprunggelenk, Fesselgelenk und Huf fällen.

Im Bereich der markierten Stelle befindet sich die „Weiße Linie". Darin finden wir häufig kleine Steinchen, die sich eingetreten haben und unbedingt täglich entfernt werden müssen.

Das regelmäßige Ausschneiden und Berunden der Hufe hat einen großen Anteil daran, ob das Pony gesund alt werden kann. Einseitige Belastungen und Spannungen entstehen immer dann, wenn die Statik des Hufes nicht stimmt. Eine huforthopädische Behandlung ist dann empfehlenswert.

Eine regelmäßige Korrektur der Hufe ist ganz wichtig.

Die Grundgangarten

Die Grundgangarten spielen bei der Ausbildung von Mini-Ponys und Shettys eine ähnliche Rolle wie bei Großpferden. Nur weil die Ponys eben so nett und putzig sind, sieht man darüber gerne hinweg. Der Gesamteindruck einer Vorstellung leidet aber erheblich darunter, wenn auf die Reinheit der Gänge wenig Wert gelegt wird.

Die Beurteilung der Grundgangarten von Fohlen ist sehr viel schwieriger als beim ausgewachsenen Pony. Die Fohlenbeurteilung gibt dem Züchter aber wichtige Anhaltspunkte und Rückschlüsse, die er bei der nächsten Bedeckung der Stute unbedingt beachten sollte. Erfahrene Züchter und Experten für Fohlen können daher helfen, Fehler zu vermeiden oder nicht zu wiederholen. Auf kompetenten

Rat sollte deshalb nicht verzichtet werden, und außerdem lernt man, selbst sein Auge zu schulen. Generell ist das eigene Auge in Bezug auf die Beurteilung eines Ponys immer lernfähig und in diesem sensiblen Bereich hat man eigentlich niemals ausgelernt. Nur durch die Inspektion von sehr vielen Fohlen und Ponys kann man es auf diesem Gebiet zum Experten bringen.

Schritt

Beim Militär war der Schritt von großer Bedeutung. Ein Pferd mit einem guten Schritt musste für dieselbe Kilometerleistung weniger Schritte machen und war dadurch frischer und belastbarer, als ein Pferd mit einem schlechten Schritt. Nun wollen wir mit unserem Pony ja nicht in

Schritt in klarem Viertakt

den Krieg ziehen, aber die Qualität dieser Grundgangart verdient durchaus Beachtung.

Die drei Kriterien, nach denen der Schritt beurteilt wird, sind Takt, Raumgriff und Fleiß. Wie immer steht der Takt an erster Stelle und ist somit auch am wichtigsten. Schritt ist, wie der Name schon sagt, eine schreitende Bewegung im Viertakt. Minis und Shettys haben damit oft Probleme, weil schon bei der Zucht zu wenig Wert darauf gelegt wird. Mit den kurzen Beinen versuchen die Ponys, den Mangel an Raumgriff durch Geschwindigkeit auszugleichen und darunter leidet natürlich auch der Takt. Deshalb ist es wichtig darauf zu achten, dass der Schritt nicht seinen schreitenden Charakter verliert und der Takt nicht verloren geht. Der Raumgriff lässt sich am besten am Übertritt der Hinterbeine über die Spuren der Vorderbeine überprüfen. Je weiter ein Pony übertritt, desto besser. Fleißig ist der Schritt dann, wenn der Takt erhalten bleibt, der Raumgriff genügt und die Frequenz der Schritte nicht langsam oder zeitlupenartig sind. Die meisten Ponys neigen eher dazu, im Schritt übereilt zu gehen. Ein passartiger Schritt, bei dem die Beine einer Seite fast gleichzeitig vorfußen, ist ein großer Mangel, der, wenn er einmal entstanden ist, nur sehr schwer zu korrigieren ist. Beim Schritt sollte man daher keine Kompromisse machen.

Trab

Der Trab ist eine schwungvolle Bewegung im Zweitakt, bei der das jeweilige diagonale Beinpaar zeitgleich vorwärtsschwingt. Wiederum ist der Takt das wichtigste Kriterium. Auch hier gilt: Nicht die Geschwindigkeit zählt!

Die verschiedenen Trab-Tempi sind Arbeitstrab, Versammelter Trab, Mitteltrab und Starker Trab. Beim Arbeitstrab sollen die Hinterbeine in die Spuren der Vorderbeine treten, beim versammelten Trab dahinter und bei den Verstärkungen darüber hinaus treten. Wieviel Trabverstärkung ein Pony zeigen kann, ohne den Takt und das Gleichgewicht zu verlieren, hängt von Exterieur und Talent ab. Am Anfang der Ausbildung ist für uns der Arbeitstrab das Maß der Dinge und dieser sollte geregelt und losgelassen sein.

Arbeitstrab

Versammelter Galopp mit weit unterspringendem inneren Hinterbein

Das sind die Voraussetzungen für alles Weitere. Wird das Pony eilig, entartet der Trab zum „Hühnergerenne" und muss so weit reguliert werden, bis die Frequenz wieder normal ist.

Frühzeitige Trabverstärkungen zu verlangen, bringt den Zweitakt des Trabes in einen für das menschliche Auge nicht sichtbaren Viertakt, wie ihn Traber im Rennen haben. Wenn sich die Diagonalen verschieben, spricht man von einem zerbrochenen Trab und das Pony ist nicht mehr in der Lage, rhythmisch und über den Rücken zu gehen. Es kommt automatisch auf die Vorhand. Deshalb muss der korrekte Zweitakt unbedingt erhalten bleiben und das Wichtigste: Der Schub muss aus der Hinterhand kommen.

Galopp

Der Galopp ist eine sprunghafte Gangart im Dreitakt. Die Galoppade soll energisch, schwungvoll und möglichst viel bergauf gesprungen sein. Und: Sie wissen es schon, der Takt ist das erste Kriterium. Fehlerhaft ist hierbei, wenn sich der Dreitakt zum Viertakt verschiebt. Das Pony springt dann nicht mehr genügend durch. Man unterscheidet den Arbeitsgalopp, den Versammelten Galopp, den Mittel- und Starken Galopp. Der Galopp ist für uns in der Ponyausbildung die schwierigste Gangart. Viele der später vorkommenden Lektionen wie Traversalverschiebungen, Pirouetten und Wechsel vollziehen sich im Galopp. Dafür muss der Galopp gesetzt und gut durchgesprungen sein.

Das fällt den meisten Minis und Shettys sehr schwer und am langen Zügel fallen die Einwirkungsmöglichkeiten wie Gewicht und Schenkel weg, die der Reiter normalweise hierfür einsetzen kann. Daher ist es sinnvoll, mit der Galopparbeit erst dann zu beginnen, wenn durch die Arbeit in den Trablektionen genügend Kraft in der Hinterhand entwickelt wurde. In manchen Fällen sollte man sogar das Piaffieren noch vor die Entwicklung der Galopplektionen setzen. Je besser ein Pony mit seinen Hinterbeinen in Richtung des Schwerpunktes springen kann, desto leichter wird ihm die Galopparbeit fallen. Es lohnt sich in jedem Fall, die Hinterhand ausreichend zu kräftigen, bevor man anfängt, Lektionen im Galopp zu üben. Daher müssen wir den Galopp beim Freilaufen beurteilen.

Tipps für den Kauf eines Ponys

Für welchen Zweck soll das Pony sein?

Ob ein Pony für ein Kind, einen behinderten Menschen oder einen agilen Erwachsenen geeignet ist, hängt von seinem Temperament ab. Darüber muss man sich vor dem Kauf unbedingt im Klaren sein. Ein Kind mit einem temperamentvollen Hengst zu beschenken, ist genauso wenig sinnvoll, wie ein Pony ohne Adel und Spritzigkeit für jemanden, der gerne auf Shows gehen möchte.

Wo kaufe ich ein passendes Pony?

Eine Empfehlung von zufriedenen Kunden ist die sicherste Möglichkeit, einen seriösen und reellen Züchter oder Aufzüchter zu finden. Der Pferdehandel ist nicht umsonst mit einem schlechten Ruf gesegnet. Auch Fotoanzeigen in entsprechenden Verkaufsmagazinen sind gut geeignet, um sich einen ersten Eindruck zu verschaffen, ohne gleich weit fahren zu müssen. Ein reeller Verkäufer schickt auf Wunsch auch ein Video, auf dem schon vorab das Exterieur und die Grundgangarten beurteilt werden können. Ich würde davon abraten, ein Pony aus Mitleid auf irgend einem Pferdemarkt zu kaufen. Diese Ponys sind teilweise nicht gut aufgezogen, sind krank oder auch viel älter oder jünger, als sie angeboten werden. Es ist zwar verständlich, dass man am liebsten alle retten möchte, die einen mitleidserregenden Eindruck machen, aber genau darauf zielen diese unseriösen Händler ab.

Schauen Sie sich möglichst viele Ponys an, um daraus eine Wahl zu treffen.

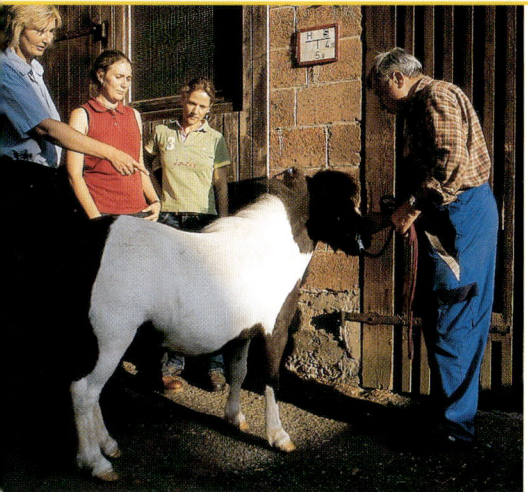

Sechs Augen sehen mehr als zwei.

Wen nehme ich zur Beratung mit?

Der beste Tipp, den ich Ihnen geben kann, ist, auf jeden Fall einen erfahrenen Pferdefachmann zur Begutachtung des Ponys mitzunehmen. Treffen Sie vorab eine Wahl von verschiedenen Ponys, die preislich in Frage kommen. Es ist viel billiger, den Zeitaufwand des Beraters zu zahlen, als später einen Fehlkauf zu verkraften. Selbstverständlich sollten Sie sich sicher sein, dass es sich auch wirklich um eine/n Fachmann/-frau handelt.

Was soll ich alles ausprobieren?

Überlegen Sie, für welchen Zweck das Pony sein soll und diese Eigenschaften, die dafür notwendig sind, sollten Sie beim Ausprobieren auch testen. Wird das Pony als Lebensversicherung im Gelände ange-

priesen und Sie möchten viel ins Gelände, dann muss genau das beim Ausprobieren auch gut funktionieren und es ist dann nicht so wichtig, dass das Pony beim Freispringen brilliert.

Kommen Sie zum vereinbarten Besichtigungstermin immer zu früh! Ansonsten kann es passieren, dass das Pony vorher präpariert wird und gewisse Temperamentsmängel nicht mehr so sichtbar sind. Ein übernervöses und hektisches Pferd könnte zum Beispiel vorher schon intensiv bewegt worden sein, so dass es müde ist. Beobachten Sie das Pony auch immer schon im Stall, beim Putzen, beim Aufzäumen etc., so dass Sie dort auftretende Schwierigkeiten erkennen. Heben Sie selbst die Hufe auf und führen Sie das Pony auch.

>KAUF-TIPP

Stellen Sie dem Verkäufer so viele Fragen wie möglich über das Pony. Fragen Sie, welche Krankheiten es hatte, wieviele Vorbesitzer, wo er das Pony gekauft hat, warum es jetzt verkauft wird, ob irgendwelche Untugenden bestehen und für was es bisher verwendet wurde.

Seien Sie vorsichtig, wenn der Verkäufer darauf keine Auskünfte geben will oder sich Unstimmigkeiten herausstellen.

Wenn Sie ein Pony in Reitponygröße kaufen, dann messen Sie es selbst nach und verlassen Sie sich hierbei nicht auf die Angaben des Verkäufers.

Wie stelle ich den Gesundheitszustand fest?

Lassen Sie sich das Pony auf hartem Boden vortraben, um eine eventuelle Lahmheit festzustellen. Läuft das Pony von vorne und hinten gesehen gerade? Wie sehen Fell und Augen aus? Macht es einen desinteressierten Eindruck? Für einen Laien ist es sehr schwierig festzustellen, ob das Pony gesund ist. Deshalb sollten Sie wenigstens eine „kleine" Ankaufsuntersuchung von einem Tierarzt Ihres Vertrauens durchführen lassen.

Man kann zwar niemals voraussagen, ob das Pony dreißig Jahre alt wird, aber ob es momentan in Ordnung ist, eine ansteckende Krankheit hat, lahmt, lässt sich hierbei feststellen und dokumentieren.

Ist ein Kaufvertrag notwendig?

Besonders im Pferdehandel würde ich niemals auf einen schriftlichen Vertrag verzichten. Manche Pferdeverkäufer tun das wohlweislich nicht sehr gerne. Nach dem neuen Pferdekaufrecht, das 2002 in Kraft trat, ist zwar der Käufer besser geschützt als früher, aber trotzdem ist es sinnvoll, einen Vertrag abzuschließen. Bestehen Sie darauf, dass die Papiere und der Equidenpass des Ponys beim Kauf übergeben werden.

Preise

Der Kaufpreis für ein Pony hängt von vielen verschiedenen Faktoren ab:

> *Alter*
> *Rasse und Abstammung*
> *Farbe*
> *Ausbildungsstand (gefahren, gekört, etc.)*
> *Gesundheitszustand*
> *Exterieur und Bewegung*
> *Größe*
> *Temperament und Charakter*
> *Angebot und Nachfrage*

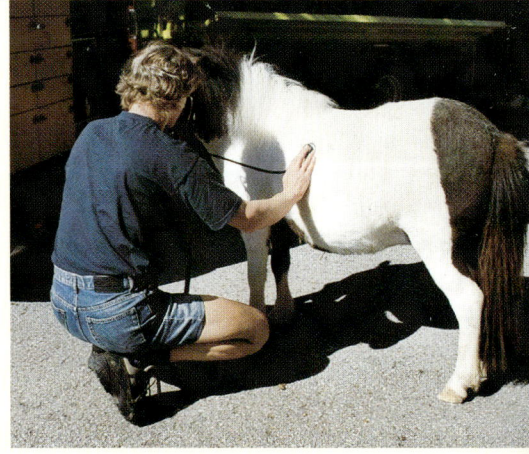

Der Gesundheitscheck beim Tierarzt

Der Preis variiert bezogen auf die oben genannten Eigenschaften. Ein Shetty ohne Papiere bekommt man von einem Händler schon für ca. 300,– €. Im Vergleich dazu kann eine Zuchtstute mit sehr guten Papieren und Nachkommen in einer besonderen Farbe leicht auch 2.000,– € kosten.

Bei Mini-Ponys ist z. B. auch die Größe entscheidend, je kleiner desto teurer. Im Vergleich zu einem Reitpferd ist der Anschaffungspreis jedoch immer noch sehr gering.

Bedenken Sie, dass ein gutes und qualitätsvolles Pony dieselben Haltungskosten hat wie ein schlechtes, uns aber jeden Tag durch seine guten Eigenschaften erfreut. Ein gutes Pony lässt sich jederzeit auch wieder zu einem guten Preis verkaufen, ein schlechtes kaum.

Für viele Menschen, die sich den Traum vom eigenen Pferd erfüllen möchten, kann ein Shetty oder Mini-Pony deshalb die Möglichkeit dazu eröffnen.

Gerade Menschen, die sich ein Großpferd nicht zutrauen, können mit einem Pony sehr glücklich werden.

Sie haben das passende Pony gefunden? Gratulation! Dann kann es jetzt losgehen.

Ihr Pony muss untergebracht und gut versorgt werden. Auf was Sie dabei achten müssen, erfahren Sie im nächsten Kapitel.

Wie ich zu Lancelot kam

Lancelot haben wir ursprünglich als Beistellpony für unseren Warmblüter gekauft. Ich hatte ein Foto von ihm gesehen und mir war klar, dass ich dieses Pony haben wollte – und kein anderes. Gesagt, getan. Ich bin tausend Kilometer gefahren, um ihn zu uns auf den Hof zu holen. Die Rolle als Babysitter eines Reitpferdes fand er allerdings höchst langweilig und hat uns deutlich gezeigt, dass er beschäftigt werden möchte. Ich hatte zwar als Kind einige Ponys, aber keinen Hengst. Und ich habe auch schon mit vielen Hengsten gearbeitet, aber nicht mit so kleinen. Die Kombination eines überaus selbstbewussten Machos mit der Durchsetzungsfähigkeit einer kleinen Dampfwalze brachte mich des Öfteren zum Schwitzen, bis ich herausfand, wie er tickt und was er braucht, um zufrieden zu sein. Die ersten drei Jahre war er mit unserem Wallach zusammen, doch dann haben wir ihm ein Ponystütchen gebracht. Seitdem er eine Familie hat, ist vieles einfacher und es ist toll für ihn, dass er mit seiner Stammstute auch immer zusammensein darf. Wenn wir auf Shows gehen, muss er sich zwar kurzfristig von Dornröschen trennen, aber dafür ist die Freude groß, wenn er zurückkommt.

Fütterung und Haltung

Stallmanagement

Zu einem guten Stallmanagement gehören ausreichend große Boxen, besser noch ein Laufstall. Dieser sollte selbstverständlich hell, gut gelüftet und trocken sein. Jedes Pony muss einen Platz als Ruheraum aufsuchen können, ohne von anderen ranghöheren Ponys vertrieben zu werden. Ideal sind mehrere Eingänge sowie Ruhe- und Fressplätze getrennt voneinander. Die Einstreu und der Paddockboden sollten den Hufen angepasst sein, das heißt, verschiedene Böden härten das Hufhorn und geben der Huflederhaut Impulse für das Wachstum. Zu einer guten Stallführung gehören regelmäßige Wurmkuren (vier Mal im Jahr), das anschließende Ausräumen der Ställe und das Behandeln der Böden mit Kalk. Die Wurmkuren müssen den Jahreszeiten an-

Ein ungestörtes Schläfchen

gepasst sein und für alle Ponys gleichzeitig durchgeführt werden, um optimalen Schutz für den Bestand zu bieten. Dazu gehört auch das regelmäßige Absammeln und Nachmähen der Weiden, um den Wurmkreislauf zu unterbrechen. Auch die Impfungen gegen Influenza und Wundstarrkrampf dürfen keinesfalls vergessen werden. Ein Plan oder eine PC-Datei sorgen für den nötigen Überblick.

Sehen Sie sich Ihr Pony täglich einmal kurz an, um eventuelle Abweichungen im Verhalten oder Krankheiten möglichst frühzeitig zu erkennen. Wenn man sein Pony gut kennt, sieht man auch relativ schnell, wenn etwas nicht stimmt. Bei Stress, wie z. B. einem Stallwechsel, neuen Kameraden, anderem Futter und neuen Menschen, ist die Gefahr am Größten, dass man etwas übersieht oder dass das Verhalten des Ponys nicht richtig interpretiert wird. Das heißt, Sie sollten sich nach dem Kauf des Ponys viel Zeit nehmen, um es kennenzulernen.

Offenstallhaltung für mehrere Ponys

Krankheiten

Obwohl Ponys meistens sehr robust sind, bleiben auch sie von Krankheiten nicht ganz verschont. Oftmals ist es zu Beginn einer Lahmheit oder einer Kolik schwer zu sagen, ob ein Fehler in der Ausbildung oder eine Krankheit vorliegen. Beginnende Lahmheiten sind schwer zu diagnostizieren und so manches Pony kämpfte schon mit Kolik, ohne große Anzeichen zu zeigen. Der aufmerksame Besitzer, der sein Pferd gut kennt, sollte eigentlich auch feine und unauffällige Anzeichen von Unwohlsein erkennen. Im Zweifelsfall ist es immer besser, das Pony zu schonen und ihm einfach mal eine Auszeit zu gönnen. Bemerken Sie jedoch eine spontane Änderung im Befinden des Ponys, ist es gut, zur Sicherheit erst einmal die PAT-Werte zu überprüfen.

Regelmäßige Zahnkontrolle vom Tierarzt

P = **Puls** *Normalwerte sind*
    30 bis 44 Schläge pro Minute

A = **Atmung** *Normalwerte sind*
    10 bis 16 Atemzüge pro Minute

T = **Temperatur** *Normalwerte sind*
    37,5 bis 38,2 Grad Celsius

Falls die Temperatur erhöht ist, kann es sich um eine Infektion oder ansteckende Krankheit handeln. Husten und tränende Augen sind ein deutliches Krankheitssymptom. Frisst das Pony oder lässt es auch alles, was es sonst gerne und gierig frisst, liegen? Hört man Darmgeräusche, wenn man den Kopf mit dem Ohr direkt seitlich an den Bauch legt? Sieht man irgendwo eine Verletzung oder lahmt das Pony deutlich?

Kann man nichts Eindeutiges feststellen, ist auf jeden Fall der Besuch des Tierarztes angeraten. Ich habe schon oft die Erfahrung gemacht, dass das sofortige Hinzuziehen des Tierarztes meist weniger den Geldbeutel strapaziert, als langes Warten und Überlegen, ob sich das Problem nicht doch von alleine löst. Zögert man z. B. bei einer Kolik zu lange, ist das Leben des Ponys ernsthaft in Gefahr. Mit Koliken ist nicht zu spaßen! Je früher eine Behandlung eingeleitet wird, umso eher überlebt das Tier. Minis und Shettys können wegen ihres kleinen Körpers zum

Beispiel nicht rektal untersucht werden und es ist selten, dass jemand sein Minipony einer Kolikoperation unterzieht, die dreimal soviel kostet wie das Pony selbst. Erwischt man eine Kolik jedoch im Anfangsstadium, ist meist nur wenig Aufwand nötig, um das wieder ins Lot zu bringen.

Eine für Ponys typische und auch sehr gefährliche Krankheit ist die Hufrehe. Sie trifft meist Ponys und Pferde, die zu dick sind, zu wenig bewegt werden oder ausbüxen und an die Hafertruhe gelangen. Nach einer nächtlichen Ausreiß- und Fressaktion stehen die Chancen für Ponys schlecht. Durch absterbende Mikroorganismen im Darm gelangen Gifte über die Blutbahn in die Hufe. Ein rotierendes Hufbein und sehr starke Schmerzen sind die Folge. Stellt man den Befund nicht sofort fest und leitet Maßnahmen dagegen

> ### ›GESUNDHEITS-TIPP
>
> *Denken Sie daran, dass auch Ponys häufig unter Zahnproblemen leiden. Lassen Sie deshalb den Zähne-Check-Up regelmäßig ein- bis zwei Mal im Jahr durchführen, bevor es Probleme gibt. Es bietet sich an, jedes Pony einfach beim Impftermin vom Tierarzt ansehen zu lassen.*

ein, kann das Pony wahrscheinlich nie mehr voll genutzt werden. Auch Fruktan, das sich im Gras anreichert, ist ein Auslöser für Hufrehe, wenn die Weidezeit zu lange ausgedehnt wird.

Viele Krankheiten und Verletzungen können durch Überlegung, System und gesunden Menschenverstand vermieden werden.

Grundfütterung

Die Grundration für ein Mini oder Shetty ist im Vergleich zu einem Großpferd verschwindend gering. Jedoch muss als erstes der Allgemein- und der aktuelle Futterzustand beurteilt werden, bevor eine Ration zusammengestellt wird. Die meisten bodenständigen Ponyrassen neigen dazu, sehr leichtfuttrig zu sein. Das heißt, schon das Knabbern an reichhaltigem

Futter macht sie dick und gefährdet ihre Gesundheit. Ponys, die schon bei leichter Arbeit nur schwer zunehmen, müssen vom Tierarzt durchgecheckt werden. Ein Zahnproblem kann beispielsweise die Ursache sein. Grundsätzlich stellt gutes, kleearmes Wiesenheu die beste Verpflegung für ein Pony dar. Obwohl die Ration insgesamt eher spärlich sein sollte, muss auch ein Pony in der Lage sein, über den ganzen Tag verteilt Rauhfutter zu fressen. Bei dicken Ponys gibt man das in ganz kleinen Portionen. Oft wird Stroh anstatt Heu empfohlen. Davon kann ich nur abraten. Stroh ist schwer verdaulich und bei wenig Bewegung kann sich aus dem gefressenen Stroh eine Anschoppungskolik entwickeln, die lebensbedrohlich werden kann. Heu ist viel leichter zu verdauen und stellt die natürlichste Art der Pferdefütterung dar. Um ein übermäßiges Strohfressen zu verhindern, muss man

manche Ponys auch auf Sägespäne-Einstreu umstellen, damit sie nur kontrolliert eine kleine Portion Stroh pro Tag fressen.

Sehr vorsichtig muss man auch mit Grünfutter umgehen. Selbst ein arbeitendes Pony sollte nicht mehr als zehn Kilogramm Gras pro Tag fressen. Die sind bei unbegrenztem Weidegang schnell erreicht. Ein Pony kann praktisch fast pausenlos fressen und große Mengen an Futter werden vertilgt. Kolik und Hufrehe können durch zuviel Grünfutter entstehen und das Pony schwer schädigen. Die

Nicht alle Futtermittel eignen sich für Ponys.

Fütterungsmenge hängt natürlich stark von der geleisteten Arbeit ab. Ein Pony, das schwere Lektionen und Galopparbeit absolviert, kann und muss anders gefüttert werden als eine Zuchtstute, ein Deckhengst oder ein Beistellpony. Die Ration sollte generell täglich leistungsbezogen gefüttert werden. Bei Robustpferderassen sollte eine eiweißarme Kost angestrebt werden, die in der Hauptsache Rauhfutter enthält, eine dem Körpergewicht entsprechende Menge an gutem Mineralfutter und bei größerer Arbeitsleistung auch Kraftfutter.

Zusatzfutter? Gerne, aber was?

Auch für unsere Ponys ist eine ausgewogene Nahrung sehr wichtig. Der Spruch: „Der Mensch ist, was er isst", trifft auch auf Pferde zu. Als die Arbeitspferde noch zur Feldarbeit gebraucht wurden, bekamen sie Hafer und Heu und waren meist bis ins hohe Alter gesund. Heutzutage sind die Böden durch Monokultur und Überdüngung verarmt und die Vielfalt der Gräser und Kräuter hat stark abgenommen. Das heißt, dass auch Ponys oftmals durch das natürliche Nahrungsangebot nicht mehr alle lebenswichtigen Vitamine, Mineralstoffe und Spurenelemente aufnehmen können. Dem kann man Abhilfe schaffen, denn die Kataloge sind voll mit den unterschiedlichsten Zusatzfuttermitteln, bei denen der biologische Laie aber oft den Überblick verliert. Die Palette der Zusatzfuttermittel ist unüberschaubar geworden

Ergänzungsfutter – ein unüberschaubarer Dschungel

und die Hersteller übertreffen sich gegenseitig darin, anzupreisen, dass ein Pferd ohne das eine oder andere Futter heutzutage eigentlich nicht mehr überleben kann.

Das Motto „viel hilft viel" ist fehl am Platz, denn ein Zuviel schadet dem Organismus genauso.

Fütterungsberatung

Sowohl für Ponys als auch für Großpferde kann ich nur empfehlen, eine Fütterungsberatung durchführen zu lassen und sich an diese Empfehlungen dann auch zu halten. Füttert man Zusatzfuttermittel für verschiedene Zwecke wie Sehnen, Gelenke, Hufe, Muskeln etc., dann sollte man unbedingt die Produktserie *einer Firma* auswählen, da diese Produkte auch

Genaues Abwiegen der Futtermittel

aufeinander abgestimmt sind. Tut man das nicht und füttert kreuz und quer, kann es leicht passieren, dass bestimmte Stoffe wie z. B. Spurenelemente und Vitamine extrem über- oder unterdosiert sind. Auch das kann zu Mangelerscheinungen führen. Die Mengenangaben auf den Dosen sind Zirka-Angaben und müssen nicht unbedingt dem Bedarf Ihres Ponys entsprechen. Vor der Fütterungsberatung sollte, wenn möglich, ein großes Blutbild gemacht werden, um bereits bestehende Probleme und Normalwert-Abweichungen mit in die Berechnung einfließen zu lassen. Ebenso sind Futterproben der momentanen Fütterung (Heu, Stroh, Kraftfutter, Sonstiges) sowie detaillierte Beschreibungen des Verhaltens und der Leistung notwendig. Auch das Gewicht des Ponys, die tägliche Arbeitsleistung, welche Art von Training absolviert wird und wieviel Zeit auf der Koppel mit welchem Grasbestand verbracht wird,

spielen hier eine wichtige Rolle. An dieser Menge von abgefragten Faktoren kann man schon erahnen, dass richtiges Füttern nicht einfach nur Reinschaufeln von Futter ist, sondern eine diffizile Geschichte, die bei Missachtung der Natur des Pferdes sehr schnell gefährliche Krankheiten oder sogar den Tod bedeuten können.

Im Regelfall benötigt ein Pony eine ausreichende Menge an gutem Heu (ca. drei Kilogramm), möglichst wenig Stroh, um Verstopfungen zu vermeiden und bei Bedarf (erhöhte Arbeitsleistung) ein wenig Kraftfutter (ca. 100 – 300 g Hafer) sowie ein optimales Mineralfutter. Genaue Mengenangaben ergeben sich aber erst nach einer korrekten Fütterungsberechnung. Nähere Informationen finden Sie im Serviceteil auf S. 171.

Der Futterbedarf kann sich im Laufe des Ponylebens auch ändern und muss dann wieder angepasst werden.

Bewegung, Bewegung, Bewegung

Genügend freie Bewegung auch außerhalb der Arbeitsstunden sind ein wichtiger Faktor für das Wohlbefinden und somit auch für die Leistungsfähigkeit unserer Ponys. Verschaffen Sie Ihrem Pony soviel Bewegung wie nur möglich. Toben im Tiefschnee, Raufen mit den Kumpels und Sprints auf der Koppel, Freispringen, das Absolvieren eines Geschicklichkeitsparcours aber auch ruhige Ausfahrten vertreiben aufkommende Langeweile und verschaffen eine gute Kondition.

Viel freie Bewegung im Galopp ...

... sowie gemütliche Ausritte bringen Abwechslung ins Ponyleben.

Sozialkontakt

Pferde sind keine Einzelgänger und auch der Mensch kann die Pferdeherde nicht ersetzen. Ponys alleine zu halten ist nicht empfehlenswert, da es nicht artgerecht ist und die Tiere in jedem Fall darunter leiden. Wer ein Pony halten kann, der kann auch noch ein zweites dazu stellen, es muss ja nicht unbedingt ein eigenes sein. Auch als Beistellpony zu einem Warmblüter hat schon manches Tier eine

Lebensstellung gefunden und zudem auch seinen Besitzern Freude gebracht. Ideal ist natürlich eine Herde aus mehreren Ponys, die ständig zusammen sein und unbeschränkten Sozialkontakt pflegen können. Sie unterstützen sich gegenseitig in der Fellpflege, dösen, fressen, raufen und spielen zusammen. Selbst die beste Mensch-/Pferd-Beziehung ist kein adäquater Ersatz für Artgenossen. Ponys leiden in Einzelhaft sehr und trauern oder werden gereizt. Auch andere Tiere wie Ziegen oder Schafe sind als Sozialpartner nicht geeignet.

Die kleinste mögliche „Herde" sind zwei Ponys, und die sollten es wenigstens sein.

Ohne Sozialkontakt können Ponys nicht gut leben.

Die Weide

Die Ponyweide unterscheidet sich von der Großpferdeweide erst einmal darin, dass sie um einiges ausbruchsicherer sein muss. Es gehört zu den großen Leidenschaften von Ponys, jede Lücke im Zaun, und sei sie noch so klein, zu finden und auszubüxen. Das Gras auf der anderen Seite des Zaunes ist immer besser. Wenn man keinen Spaß daran hat, ausgerissene Ponys aus den Gärten wütender Nachbarn zu fangen, tut man gut daran, die Ponyweide abzusichern.

Ein Wildzaun aus großmaschigem Drahtgeflecht hat sich in Kombination mit Elektrolitzen gut bewährt. Die Pfosten sollten stabil sein, um den Zaun gespannt zu halten und das Gras sollte nicht in den Elektrozaun hineinwachsen, da der Strom sonst abgeleitet wird. Die Verwendung eines Wildzaunes hat ebenfalls den Vorteil, dass nicht nur die Ponys drinbleiben, sondern auch fremde oder streunende Hunde draußenbleiben. Freilaufende Hunde, die Pferden hinter-

So bleiben die Ponys drin – und ungebetene Gäste draußen

Was Lancelot frisst und wie er lebt

Am Anfang war ich mit der Fütterung von Hafer sehr vorsichtig. Nach und nach haben wir uns mit der Unterstützung einer Rationsberechnung an die optimale Menge herangetastet. Da Lancelot in seinen aktiven Trainingsphasen ziemlich viel arbeitet, darf er soviel Heu fressen wie er möchte und dazu 100 bis 200 g Hafer sowie 30 g Magnolythe S 100 von IWest. In Zeiten starker Beanspruchung bekommt er noch zusätzlich bis zu 50 g Magnoturbo. Das ist zum Beispiel der Fall, wenn wir im Sommer viel fahren oder im Winter jeden Tag viele Kilometer mit dem Schlitten unterwegs sind. Wenn er viel auf der Koppel ist oder weniger arbeitet wird das Kraftfutter reduziert bzw. bekommt er nur Heu und Mineralfutter. Er lebt zusammen mit seiner Stute im Offenstall und kann sich in einem großen Auslauf immer bewegen. Der Boden des Auslaufs besteht aus einer Mischung aus Rundkieseln und Hackschnitzeln. Wenn das Wetter es zulässt, haben die Ponys täglich einige Stunden Weidegang auf einer großen Koppel, die auch längere Galoppstrecken zulässt. Deshalb hasst er es auch geradezu, wenn wir auf Shows unterwegs sind und er in einer geschlossenen Box stehen muss.

Eine möglichst naturnahe Haltung im Familienverband

herrennen und sie am Ende in den Zaun treiben, haben auf einer Pferdekoppel nichts zu suchen. Besonders gefährlich wird das, wenn Fohlen dabei sind. Sie rennen in Panik in den Zaun oder Abhänge hinunter und verletzen sich schwer. Deshalb sollte der Wildzaun so angelegt sein, dass ein Hund auch nicht darunter durchkrabbeln kann.

Auf keinen Fall darf Stacheldraht verwendet werden, da dieser zu schweren Verletzungen führen kann. Ebenfalls möglich sind mehrere parallel verlaufende Stromlitzen, durch die die Ponys nicht hindurchschlüpfen können.

Meiden Sie Weiden, die fruktanreiche Gräser und starken Kleebewuchs haben. Je eiweißärmer der Bewuchs ist, umso länger können die Ponys draußenbleiben. Das Anweiden im Frühjahr sollte sehr vorsichtig und nur ganz allmählich statt-

finden, um die Darmflora auf das veränderte Futterangebot umzustellen.

Um die Wurmprophylaxe zu unterstützen ist es sehr wichtig, auf den Weiden regelmäßig den Mist abzusammeln. Wo Pferdeäpfel auf der Weide liegen, wandern die darin enthaltenen Würmer in den Boden und ins Gras und werden von den Ponys von dort aus beim Fressen wieder aufgenommen. Um diesen Wurmkreislauf zu unterbrechen und möglichst wurmfreie Weiden zu haben, sollten Sie spätestens alle drei Tage den Mist von den Weiden absammeln. Tut man das nicht, entstehen an diesen Stellen Geilstellen. Das Gras wächst dort besonders hoch und wird von den Ponys verschmäht. Vernachlässigte und ungepflegte Weiden bestehen irgendwann zur Hauptsache aus Geilstellen und sind eine wahre Brutstätte für Parasiten.

Ausrüstung

Die Grundausstattung

Gehen Sie in ein Reitsport-Fachgeschäft und kaufen Sie sich eine Grundausstattung für Ihr Pony. Wenn Sie eine bekommen! Da Minis und Shettys in Deutschland keine große Population haben, ist das Sortiment in den Läden ausgesprochen dürftig. Es wird ja auch nicht oft verlangt. Wenn man überhaupt etwas in der passenden Größe bekommt, dann ist es Billigware. Richtige Markenartikel für kleine Ponys gibt es bisher kaum. Die Fabrikation lohnt sich nicht, da zuwenig davon verkauft würde und kaum jemand würde sich eine teure Markentrense für ein Shetty zulegen. Wenn man aber gut ausbilden will, muss man auch gute und praktikable Ausrüstungsgegenstände haben. Billige Lederwaren gehen meist schnell kaputt, sind schlecht zu handhaben und von der Passform nicht gut geeignet. Eine schlecht sitzende Ausrüstung stört das Pony erheblich und beeinflusst seine Leistungsfähigkeit negativ. Leider ist man bei den Ponys schnell bereit, Kompromisse einzugehen, die man einem Großpferd niemals zumuten würde. Gerade bei Sattel, Trense, Longiergurt und Fahrgeschirr sollte man auf das Anpassen großen Wert legen. Sie haben dann wirklich länger Freude daran. Der anfänglich höhere Anschaffungspreis macht sich auf lange Sicht bezahlt.

Die wichtigsten Ausrüstungsteile sind Trense und Gurt.

Eine gut sitzende Trense und vor allem ein absolut passendes Gebiss sind die Grundvoraussetzung für alle späteren Ausbildungsinhalte. Wenn das Gebiss nicht passt, werden Sie mit Ihrem Pony niemals gut arbeiten können. Ausbildungsgebisse für Shettys kosten fast soviel wie für ein Großpferd, aber sparen Sie nicht am falschen Platz, das wäre für das Pony fatal.

Bevor man mit Billigteilen hantiert, die doch nicht passen, lieber einmal tiefer in die Tasche greifen und die Ausrüstung maßanfertigen lassen. Das zahlt sich in jedem Fall aus! Ein Longiergurt muss einfach sitzen wie angegossen, darf nicht rutschen oder Druckstellen verursachen. Dasselbe gilt für Trense oder Fahrgeschirr. Bei Leinen, Longen, Langzügeln und Ausbindern kann man sicherlich Kompromisse eingehen. Aber auch hier gilt: An einem Qualitätsprodukt hat man länger Freude. Vielleicht finden Sie einen Sattlermeister, der in der Lage ist, Ihnen einen Maß-Longiergurt anzufertigen, bei dem auch die Qualität und Passform stimmen. Gebisse gibt es mittlerweile in allen Größen und Dicken für Ponys zu kaufen.

Was ist notwendig, was nicht?

Viele Ausrüstungsgegenstände, die für ein Sportpferd unbedingt benötigt werden, brauchen wir für unsere Ponys kaum oder gar nicht. Es gibt zwar mittlerweile bereits kuriose Gegenstände wie Transportgamaschen in Leopardenfellfarbe und ähnliche Dinge, aber ich finde da sollte man auf dem Teppich bleiben und nicht unbedingt auf schweinchenrosa Bandagen oder Decken zurückgreifen.

Eine Grundausstattung für ein Pony beinhaltet:
> *Halfter und Strick*
> *Trense, Gebiss*
> *Longiergurt, (evtl. Sattel), Ausbinder, Longe, Doppellonge, lange Zügel, Longierpeitsche, Touchierpeitsche, Gerte*
> *Putz- und Pflegezeug, Abschwitzdecke. Sollte das Pony geschoren werden, brauchen Sie unter Umständen noch eine wasserdichte Paddockdecke, bis das Fell wieder nachgewachsen ist.*

Pflegemittel Die Pflege von sehr langen Mähnen kann etwas aufwendig sein. Lancelots Mähne ist so lang, dass er drauftreten würde, wenn sie offen ist. Das heißt, die Mähne ist bei ihm immer eingeflochten und wird ca. alle zwei Wochen aufgeflochten, mit Pflegespray eingesprüht und wieder neu eingeflochten. Im Sommer wird sie von Zeit zu Zeit und vor Showauftritten gewaschen und mit Haarkur behandelt, der Schweif ebenso. Achten Sie beim Waschen darauf, alle Shampooreste gründlich wieder auszuspülen.

Legen Sie großen Wert auf das Aussuchen und Anpassen von Trense und Gebiss.

Lange Mähnen brauchen Pflege.

Abschwitzdecke auflegen bis es trocken ist, und wenn ein Pony geschoren ist und die Witterung wird plötzlich sehr kalt, kann es notwendig sein, eine wasserdichte Paddockdecke aufzulegen, bis das Fell etwas nachgewachsen ist.

Zum Transport ist eine leichte Decke ebenfalls gut, die das Pony vor Zugluft schützt. Ein Pony mit normal ausgebildetem Fell braucht selbst bei großer Kälte keine Decke. Die Voraussetzung dafür ist eine Rückzugsmöglichkeit in einen trockenen Stall oder Unterstand. Dann kann Kälte einem gesunden Pony nichts anhaben.

Beschlag Wenn Sie die Möglichkeit haben, mit Ihrem Pony hauptsächlich auf Wiesen oder weichen Waldwegen zu trainieren, wird es keinen Beschlag

Pflegemittel für die Hufe braucht der gesunde Huf nicht. Ponyhufe sind normalerweise von Natur aus hart und widerstandsfähig. Lancelots Hufe werden nicht eingefettet sondern nur gewaschen und ausgeschnitten.

Decken Ponys brauchen nur in bestimmten Fällen eine Decke. Was bei Reitpferden zum Kult wurde, ist bei Ponys nicht oft notwendig (bei Großpferden übrigens auch nicht). Wenn ein Pony geschwitzt hat, kann man eine leichte

Eine Abschwitzdecke für den Transport

Wo ich Lancelots Ausrüstung kaufe

Am Anfang hatten wir wirklich Probleme, eine gute Ausrüstung für ihn zusammenzustellen. Der gutgemeinte Rat einer Bekannten, als Longiergurt doch den Gürtel meines Mannes zu verwenden, verwarfen wir wieder und haben entschieden, die Ausrüstung für ihn maßanfertigen zu lassen.

Lancelots komplette Lederausstattung wie Trense, Longiergurt, Ausbinder und Fahrgeschirr wurde von einem ungarischen Sattlermeister nach seinen Maßen angefertigt. Das Leder und die Verarbeitung sind sehr hochwertig. Deshalb hat es sich in jedem Fall gelohnt, den teureren Anschaffungspreis zu zahlen.

Da Lancelot nicht geritten wird, hat er auch nie einen Sattel benötigt. Wäre das der Fall gewesen, hätte ich auch da auf eine hervorragende Passform großen Wert gelegt, da ein unpassender Sattel zu weitreichenden Schäden führen kann.

Da Lancelot wie die meisten Shettys nur sehr wenig Widerrist hat, muss der Longiergurt mit einem Schweifriemen ausgestattet sein, da der Gurt sonst nach vorne rutscht.

Braucht mein Pony Hufeisen?

brauchen. Beim Fahren auf Asphalt oder Schotterwegen dagegen kommt es darauf an, wie stark das Hufwachstum ist. Wenn der Abrieb größer als das Wachstum ist, können Sie es mit Hufschuhen versuchen oder das Pony muss beschlagen werden, um den Huf vor übermäßigem Abrieb zu schützen. Die Beschlagsintervalle sollten acht Wochen nicht übersteigen. Es ist manchmal schwierig, einen Schmied zu finden, der Shettys oder Minis beschlägt, da er die Eisen wegen der Größe extra bestellen und sich zum Beschlagen fast auf den Boden legen muss. Hufschuhe in dieser kleinen Größe gibt es nicht von allen Firmen und sie müssen perfekt zum Huf passen, damit sie auch beim Galoppieren und in tiefem Boden am Huf bleiben.

Ausbildungs-
grundsätze

Das Pony A-B-C

Um den sicheren Umgang mit dem Pony zu gewährleisten, darf man nicht vergessen, dass außer dem Beherrschen von Lektionen und dem körperlichen Training noch einige Punkte zu beachten sind, die von jedem Pony verlangt werden können und müssen.

Das sind ganz grundlegende Dinge, die ich *Pony-ABC* nenne. Dazu zähle ich Hufe geben, sich verladen lassen oder problemlos von einem anderen Pony weggehen. Das hört sich selbstverständlich an, ist es aber keineswegs. Diese grundlegenden Fähigkeiten sichern den

Sich führen zu lassen üben wir zuerst.

gefahrlosen und auch problemlosen Umgang mit dem Pony. Gut erzogenen Ponys kann man viel mehr Freiraum gewähren als schlecht erzogenen, daher kommt eine planvolle Erziehung vom Boden aus auch dem Pony selbst zugute.

Führenlassen

Jedes Pony, egal wie es eingesetzt wird, muss sich problemlos sowohl am Halfter als auch an der Trense führen lassen, ohne davonzustürmen, den Führer anzurempeln oder sich hinterher schleifen zu lassen. Es ist kein sinnvolles Arbeiten möglich, wenn das Pony beim Anblick jedes Grasbüschels den Menschen rücksichtslos davonschleppt. Das sieht zwar witzig aus, jedoch ist dabei ganz klar, dass das Pony die Führung hat.

Das ist ein grundlegendes Problem von mangelndem Respekt, das abgestellt werden muss. Dieses Training ist essenziell wichtig für alle weiteren Übungen vom Boden aus. Bei einem faulen Pony muss die Gerte von hinten eingesetzt werden bis es auf gleicher Höhe mit dem Führer ist. Danach ist ein Lob angebracht wenn das Pony schnell reagiert hat. Im umgekehrten Fall hält man die Gerte vor die Nase und hebt sie drohend an, wenn das Pony zum Überholen ansetzt. Da bei vielen Ponys ein bloßes Halfter anfangs wirkungslos ist, empfehle ich, eine Führkette einzuschnallen, mit der ein kurzer Ruck ausgeübt wird, im selben Moment wie das Stimm-Kommando. Auch danach sollten Sie das Pony loben, wenn es richtig reagiert hat.

Stehenbleiben

Dafür benutze ich immer dasselbe Kommando: „Steh"! Bleibt ein Pony auf Zuruf in jeder Situation stehen, so ist das von unschätzbarem Wert. Sowohl im Geschirr als auch bei der dressurmäßigen Arbeit ist es vor allem in Gefahrensituationen sehr hilfreich, wenn das Pony stehenbleibt. Das übe ich zuerst beim Führen, indem ich immer wieder zum Halten mit dem Kommando „Steh" und angehobener Gerte das Pony durchpariere. Die meisten Ponys lernen sehr schnell, dass die Belohnung nach dem Stehenbleiben erfolgt. Gut trainierte Ponys bleiben sogar wie vom Blitz getroffen stehen, wenn sie auf

Durch klare Kommandos lernt das Pony, ruhig stehen zu bleiben.

das Kommando schon gut konditioniert sind. Später kann man das dann auch in außergewöhnlichen Umgebungen wie z. B. im Verkehr, bei Veranstaltungen oder bei Schrecksituationen (bellende Hunde etc.) üben. Je öfter man das übt, um so sicherer kann man es abrufen.

Gelassenes Aufhalten der Hufe

Hufe geben

Am besten beginnt man diese Übungen schon beim Fohlen. Dann ist es bei weitem am einfachsten, das Hufegeben spielerisch zu lernen. Bei einem älteren Pony, das sich nicht gerne die Hufe geben lässt, muss man Geduld und einen langen Atem beweisen. Tägliches Abstreichen der Beine und nur kurzes Hochheben mit viel Belohnung ist angebracht. Nicht Ziehen und Zerren am jeweiligen Bein verspricht Erfolg, sondern ein leichtes Zuzwicken der Fingernägel am Fesselkopf oder leicht darüber. Unerzogene Hengste versuchen manchmal, in die Hand zu beißen, so wie

sie im Hengstkampf in das Bein des Rivalen beißen würden. Das muss sofort abgestellt werden, denn man darf nicht dulden, wie im Kampf gebissen zu werden. Auch hier hilft der Fingernageltrick, nur diesmal am Maul.

Abspritzen oder waschen lassen

Manche Ponys mögen es nicht, mit einem Wasserschlauch abgespritzt zu werden, während andere das geradezu genießen. Kaltes Wasser ist unangenehm und deshalb empfehle ich, das Pony auf jeden Fall mit lauwarmem Wasser und einem Schwamm herunterzuwaschen, anstatt

Gewöhnen Sie Ihr Pony langsam an Wasser.

kalt abzuspritzen. Die meisten Ponys haben dagegen nichts einzuwenden und es reicht auch völlig, nur die Beine kalt abzubrausen. Dazu fängt man an den Hufen an und lässt ganz langsam den Wasserstrahl höher steigen. Bekommt das Pony dabei Panik und fängt an, sich in den Strick zu hängen, so benötigt man einen Helfer, der es hält. Anschließend sollte das Pony trockengeführt oder an einen sonnigen, windstillen Platz zum Trocknen gebracht werden.

Verladen

Mit dem Verladen kann man gar nicht früh genug beginnen. Am besten ist es, die Mutterstute mit dem Fohlen regelmäßig zu verladen und im Hänger zu füttern. So lernt das Fohlen von Anfang an, dass der Pferdehänger wie eine zweite Heimat ist. Ist der Fahrer dann noch entsprechend vorsichtig, wird das Pony niemals Angst vor dem Verladen haben. Leider gibt es sehr viele Pferde und Ponys, die sich extrem zur Wehr setzen bevor sie auch nur einen Fuß auf die Rampe setzen. Auch diese Lektion erfordert dann viel Zeit und Geduld. Wenn man die Möglichkeit hat, den Hänger auf den Paddock oder die Koppel zu stellen, bringen sich intelligente Ponys das Verladen selber bei. Ansonsten braucht man ein verladesicheres Pony als Kumpel und noch einen Helfer. Man sollte jeden Tag nur einen

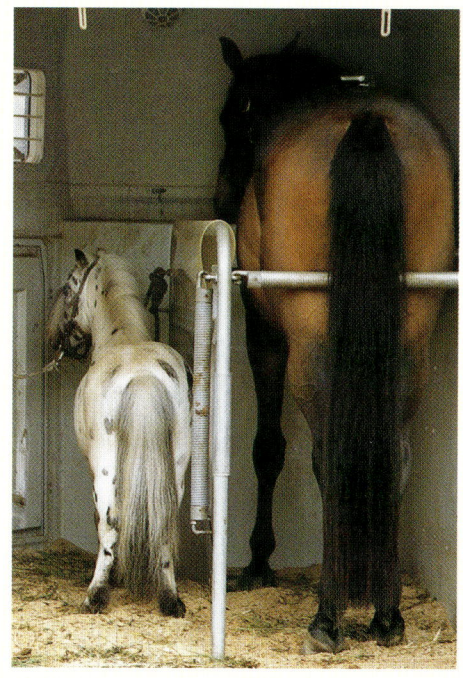

Zu zweit geht es einfacher.

kleinen Schritt mehr verlangen, angefangen mit dem Futtereimer auf der Rampe. Am nächsten Tag ein Stück höher und die Vorderbeine auf der Rampe usw. Wenn das Pony dann soweit Zutrauen gefasst hat, dass es ganz im Hänger steht, sollte man es jeden Tag mit dem verladesicheren Pony im Hänger eine Mahlzeit fressen lassen. Das Begleitpony gibt ihm Sicherheit und frisst außerdem sein Futter, wenn es nicht im Hänger bleibt. Die Rampe lasse ich anfangs noch völlig offen, um dem Pony nicht das Gefühl von Eingesperrtheit zu geben. Fahren sollten

Sie erst dann, wenn das Pony den Hänger als Fressplatz aktzeptiert hat und völlig gelassen einsteigt. Selbstverständlich ist die ruhige Fahrweise ausschlaggebend dafür, dass sich das Pony auch beim zweiten Mal gut verladen lässt.

Verlassen anderer Pferde

Ein Pony, das wie eine Klette an seinen Artgenossen klebt und sich nicht von ihnen entfernen will, ist außerordentlich lästig. Das Problem betrifft vor allem Ponys, die nur zu zweit gehalten werden und dann beim Reiten, Fahren oder Spazierengehen plötzlich alleine laufen sollen. Sie müssen die Sicherheit der „Herde" verlassen und offensichtlich trauen sie ihrem Menschen nicht zu, dass er sie auch beschützen kann. Daher müssen Sie versuchen, für Ihr Pony zum „Leitpferd" zu werden. Je mehr es ihnen vertraut, desto eher wird es Ihnen folgen. Aber auch der Gehorsam muss gesichert sein, denn oftmals ist es auch schlicht eine Frage des größeren Dickschädels, wer sich durchsetzen kann. Prinzipiell sollte man mit kurzen Trennungszeiten (5 Minuten) beginnen und diese dann langsam steigern. Anfangs genügt es auch, wenn die Ponys nur den Sichtkontakt verlieren. Auch das Umstellen von Ponys in andere Boxen für eine gewisse Zeit kann hierbei hilfreich sein, zwei Kleber daran zu gewöhnen, getrennt zu sein.

Einfangen lassen

Vielleicht bin ich verwöhnt, aber ich will meine Pferde nicht einfangen müssen, sondern ich möchte, dass sie auf Zuruf zu mir kommen. Einem unverdorbenen Pony beizubringen, auf Ruf herzukommen, ist nicht besonders schwierig. Ein Pony, das Angst hat und schlechte Erfahrungen gemacht hat, ist allerdings eine andere Geschichte. Pferde, die sich nicht einfangen lassen bzw. nicht herkommen, verbinden das Einfangen immer mit einer unangenehmen Erfahrung beim Reiten, Fahren oder mit Menschen überhaupt. Ich habe schon erlebt, dass Verleihponys bereits morgens beim ersten Ritt ausgebüxt sind und sich den ganzen Tag nicht mehr fangen ließen. Kurz vor Feierabend kamen sie dann von selbst in den Stall getrabt. Andere ließen sich zwar problemlos von Fremden fangen, aber nicht vom Personal, das sie sofort mit Arbeit in Verbindung brachten. Ponys, die sich nicht gerne fangen lassen, brauchen das Gefühl, dass das Einfangen nicht direkt mit unangenehmer Arbeit verbunden ist. Beim Training müssen Sie also das Pony mit Futter locken, etwas Angenehmes tun und es wieder freilassen. Auch hier gilt: Je öfter Sie üben um so besser. Das Pony muss sich einfach freuen, Sie zu sehen, weil es dann etwas Angenehmes erwartet. Dann ist es auch eine Freude, Ponys von der Koppel zu holen.

Anbinden lassen

Um einen gefahrlosen und sicheren Umgang zu ermöglichen, muss ein Pony sich überall sicher anbinden lassen. Panik, Losreißen, Rückwärtsrennen etc. sind Verhaltensweisen, die darauf hindeuten, dass im Umgang etwas falsch gelaufen ist. Beginnen Sie damit, das Pony an einem stabilen Halfter, das nicht sofort reißt, neben einem anderen Pony anzu-

binden. Das Ende des Strickes behält man in der Hand, um bei Panik sofort den Strick länger lassen zu können. Das Pony muss das Gefühl haben, nicht eingezwängt zu sein, aber auch nicht beim leisesten Ruck loszukommen. Bindet man solch ein Pony wirklich fest, kann es durch das ruckartige Zurückreißen im Halfter zu schweren Wirbelverletzungen im Kopf-Hals-Bereich kommen. Das muss natürlich vermieden werden. Allerdings kann manchmal aus dem Erfolg des Loskommens auch eine schlechte Gewohnheit werden, die nicht in Angst begründet ist. Ponys, die sich nicht problemlos anbinden lassen, sollten von Kindern nur unter Aufsicht von Erwachsenen geputzt werden, da solche plötzlichen Ausbrüche schwere Verletzungen nach sich ziehen können. Ein Pferd in Panik achtet nicht darauf, nirgends draufzutreten oder niemanden umzurennen. Solch ein Pony muss von einem erfahrenen Trainer korrigiert werden.

Anbinden mit Sicherheitsknoten

Der Ausbildungsweg

Der Ausbildungsweg ist von den Grundsätzen der gleiche wie bei Großpferden. Die gesamte Arbeit mit dem Pony orientiert sich an der *Ausbildungsskala*, die *Takt*, *Losgelassenheit*, *Anlehnung*,

Schwung, *Geraderichtung* und *Versammlung* beinhaltet.

Das Ziel ist ein zufrieden, im Gleichgewicht gehendes Pony, das *durchlässig* auf die Hilfen des Ausbilders reagiert.

Der entscheidende Unterschied ist, dass wir als Erwachsene unser Pony eben nicht auf reiterlichem Weg dahin bringen können, sondern versuchen müssen, durch Longenarbeit und durch die Arbeit an der Hand diesen Ausbildungsweg zu gehen. Durch die Arbeit am langen Zügel ist es bei entsprechender Eignung sogar möglich, eine Dressurprüfung zu absolvieren, die selbst schwerste Lektionen beinhaltet. Und als Krönung kann ein überdurchschnittlich begabtes Pony die Schulsprünge über der Erde lernen. Minis sind durch ihren kleinen und wendigen Körperbau sogar viel geeigneter dafür als Großpferde. Ich kenne nicht viele Warmblüter, die eine Levade, Courbette oder sogar eine Kapriole können, aber der Zircus Knie hat zum Beispiel einige Minis, die die Schulsprünge beherrschen. Mittlerweile gibt es immer wieder Personen, die an der Ausbildung von Mini-Ponys arbeiten. Sie sind auf Großveranstaltungen wie der Equitana sowie im Rahmenprogramm von Turnieren zu sehen und werden beim Publikum immer beliebter. Soll ein Pony jedoch nicht nur dressiert, sondern körperlich systematisch gymnastiziert, das heißt durch richtige Ausbildung physisch und psychisch in die Lage gebracht werden, Lektionen auszuführen ohne Schaden zu nehmen, dann muss man sich mit der *Ausbildungsskala* beschäftigen, denn sie ist der Leitfaden und das A und O einer jeden dressurmäßigen Ausbildung.

Die Ausbildungsskala

Gewöhnungsphase

In der Gewöhnungsphase, also der ersten Zeit der Arbeit mit dem jungen Pony, ist die Lösungsphase auch das Endziel der Arbeitsstunde. Die Festigung des Taktes an der Longe, das Erreichen der Losgelassenheit und eine beginnende leichte Anlehnung sind das Hauptaugenmerk in der Gewöhnungsphase, die sich je nach Veranlagung des Ponys über mehrere Monate und auch bis zu einem Jahr hinstrecken kann.

Entwicklung der Schubkraft

Das Pony wird zu vermehrter Aktivität der Hinterhand angeregt. Durch das energische Treten der Hinterbeine wird die Streckmuskulatur entwickelt und Schubkraft entsteht. Nach und nach muss die Anlehnung gleichmäßiger und konstanter werden und durch die beginnende Schwungentwicklung werden die Tritte und Sprünge kraftvoller und elastischer. Das Pony sollte langsam Muskulatur und Kondition aufbauen und die Arbeitseinheiten und Reprisen können verlängert werden. Schub ist nicht zu verwechseln mit Tempo, bei dem das Pony nur schneller wird.

Entwicklung der Tragkraft

Die Entwicklung der Tragkraft beginnt bereits, wenn die Entwicklung der Schubkraft noch nicht abgeschlossen ist. Die Phasen gehen ineinander über. Auch während der Schubphase wird das Pony bereits geradegerichtet und leicht versammelt und in der Tragephase arbeitet man ständig auch an der Schubkraft. Nun aber wird die geraderichtende Arbeit verstärkt. Durch vermehrtes Treiben, bei dem die Aktivität nicht nach vorne herausgelassen wird, sondern wieder an die Hinterhand zurückgegeben wird, entsteht dann Versammlung.
Die Tragkraft ist für die dressurmäßige Arbeit sehr wichtig.

Takt

Takt ist das zeitliche und räumliche Gleichmaß im Schritt, Trab und Galopp. Der Bewegungsablauf muss gleichmäßig und ein Tritt oder Sprung wie der andere sein. Besonders sichtlich ist das in Verstärkungen, bei denen nicht das Tempo erhöht sondern der Raumgriff erweitert werden soll. Der jeweilige Takt bleibt derselbe. Der Takt in einer Gangart muss auf gebogenen und geraden Linien, in Übergängen und Wendungen erhalten

Der Galopp ist ein Dreitakt.

bleiben. Taktstörungen oder Taktfehler zeigen Mängel in der Ausbildung auf und eine Dressurprüfung oder auch Showvorstellung wird dadurch erheblich abgewertet.

Ein klarer Takt ist daher bei der Beurteilung der Grundgangarten und der Ausführung von Lektionen das wichtigste Kriterium. Hat ein Pony ein Taktproblem, so zeigt sich das auch in jeder Lektion, die ausgeführt wird.

Bei Spezialrassen, wie den Isländern, gibt es zum Beispiel den Tölt, der eine Bewegung im Viertakt ist wie der Schritt. Jedoch ist die Fußfolge extrem schnell. Ponys, die gut tölten, haben oftmals Probleme, einen taktreinen Schritt und/oder Trab zu zeigen. Man muss also bei der Beurteilung darauf achten, ob das Pony eventuell noch einen „vierten Gang" beherrscht und deshalb Taktprobleme hat. Taktstörungen im Schritt sind ganz besonders schwer zu korrigieren, wenn es überhaupt möglich ist. Antrainierte Taktfehler resultieren meistens aus einer starren und zu festen Hand, die die natürlichen Bewegungen nicht herauslässt. Bei Taktproblemen muss man deshalb als erstes überprüfen, wo die Ursache liegt. Hat das Pony von Natur aus keinen sicheren Takt oder resultieren die Taktfehler aus unsachgemäßer Ausbildung? Im letzten Fall sollten Sie einen Fachmann zu Rate ziehen.

Losgelassenheit

Die Vorstufe der Losgelassenheit ist die *Zwanglosigkeit*. Nur ein entspanntes und psychisch unverkrampftes Pony hat sie. Sie ist die Voraussetzung für die Losgelassenheit. Ein losgelassenes Pony ist bereit, in allen Gangarten den Hals fallen zu lassen und über den schwingenden Rücken in taktmäßigen Tritten und Sprüngen mitzuarbeiten, ohne wegzueilen. Der Führer kommt zum Treiben und das Pony fühlt sich sichtlich wohl. Die Gelenke werden gleichmäßig und ohne Stockungen gebeugt und gestreckt, die Muskulatur spannt sich locker an und ab. Nur durch

Sichtbare Losgelassenheit in entspannter Dehnungshaltung am langen Zügel

Korrekte Anlehnung mit der Nase leicht vor der Senkrechten

die Losgelassenheit wird das Pony in der Lage sein, das volle Leistungspotenzial zu erreichen ohne körperlichen und geistigen Schaden zu nehmen. Das Kriterium der Losgelassenheit muss neben dem Takt in jeder Arbeitsstunde erreicht sein, bevor versammelnde Lektionen verlangt werden. Daher ist die Lösungsphase so wichtig, und obwohl unser Pony kein Reitergewicht tragen muss, darf sie nicht vernachlässigt oder übersprungen werden. Muskulatur und Gelenke müssen geschmeidig sein und langsam aufgewärmt werden, das heißt, dass die üblichen zehn Minuten Schritt natürlich auch für unser Pony gelten. Ein kurzer Spaziergang bringt somit auch den Ausbilder in die richtige Verfassung.

Anlehnung

Als Anlehnung bezeichnet man die gleichmäßige, weiche und federnde Verbindung zwischen Hand und Pferdemaul. Durch die treibenden Hilfen geht das Pony taktmäßig, mit schwingendem Rücken vorwärts, sucht das Gebiss, an das es sich herandehnt und gibt im Genick nach.

Den Kopf mit der Hand an die „optische" Senkrechte zu ziehen und dann festzu-halten, ist keine Anlehnung! Anlehnung entsteht von hinten nach vorne und ist das Ergebnis der aktiven Hinterhand. Wirkt man zu stark mit der Hand ein, wird der Schub der Hinterbeine abgetötet und das Pony kann nicht mehr über den Rücken schwingen. Darunter leidet dann der Takt und die Losgelassenheit.

Eine korrekte Anlehnung kann man sich vorstellen wie ein Gummiband, mit dem die Hand elastisch mitfedert.

Vermeidet ein Pony den Kontakt mit der Reiterhand, kann das an zu grober Einwirkung oder Zahnproblemen liegen. Dabei wird der Hals aufgerollt und eine richtige Anlehnung kann genausowenig erreicht werden, wie wenn das Pony gegen das Gebiss drückt und über dem Zügel geht.

Man muss immer darauf achten, die Einwirkung mit der Hand zu verfeinern und die Zügelhilfen so weich wie möglich zu geben. Ein „Dauerzug" auf dem Zügel ist sehr schädlich für das Maul und im Laufe der Zeit stumpft das Pony immer mehr ab und macht sich fest im Genick. Die treibenden Hilfen müssen daher vor-herrschen, um die Hinterhand aktiv und das Maul lebendig zu erhalten. Über die Stellung und das Lockermachen im Genick wird eine immer weichere und feinere Anlehnung erreicht.

Schwung

Das energische Abfußen der Hinterbeine, die gut über einen schwingenden Rücken nach vorne in Richtung Schwerpunkt treten, bezeichnet man als Schwung. Die bisherigen Punkte der Ausbildungs-skala *Takt*, *Losgelassenheit* und *Anleh-nung* müssen bereits erreicht sein, um Schwung zu entwickeln. Auf keinen Fall

Ein schwungvoller Trab in optimaler Haltung

darf Schwung mit Tempoerhöhung verwechselt werden.

Ein schwungvoller Trab zeichnet sich dadurch aus, dass die Sprunggelenke nach dem Abfußen des Beines energisch vorwärts-aufwärts in Richtung Schwerpunkt schwingen und nicht nach hinten-oben. Viele Pferde wie z. B. die Friesen haben einen raumgreifenden und schwingenden Trab. Meistens schaufeln jedoch die Hinterbeine nach hinten heraus. Das ist dann zwar ein schwung*hafter* Trab, jedoch kein schwung*voller*, weil die Aktion der Hinterhand nach hinten und oben geht und nicht nach vorne und unter den Körper.

Auch der beeindruckende „Weidetrab" eines jungen Pferdes ist somit nicht als schwungvoll zu bezeichnen. Schwung entsteht also erst durch die Einwirkung des Menschen. Wird ein Pony zu eilig, verkürzt sich die Schwebephase durch das schnellere Wiederaufsetzen der Beine und echter Schwung kann nicht entstehen.

Da die meisten Ponys von Natur aus dazu neigen, eher schneller als schwungvoller zu werden, müssen wir den Schwung über die Kräftigung der Hinterhand entwickeln. Einige wenige Tritte sind besser als eine ganze lange Seite im Wuseltrab.

Geraderichtung

Jedes Pony hat, wie alle Pferde, eine „natürliche Schiefe" im Körper, das heißt die rechte und linke Seite des Körpers sind nicht gleichmäßig ausgebildet. Über den Grund gibt es immer noch keine eindeutigen Ergebnisse sondern nur Vermutungen. Auch der Mensch und wahrscheinlich die meisten anderen Tiere auch, haben eine gewisse, mehr oder weniger ausgeprägte Einseitigkeit. Beachtet man nun diese

Geraderichtung im Galopp

Einseitigkeit nicht, werden die Gelenke eines Pferdes nicht gleichmäßig be- sondern einseitig überlastet. Zudem ist eine gleichmäßige Ausführung von Lektionen auf beiden Händen ohne die Geraderichtung nicht möglich. Auch Schwung, Versammlung und Durchlässigkeit werden nur dann erreicht, wenn das Pony geradegerichtet ist. Ein schiefes Pony weicht immer mit der Hinterhand jeweils in die eine oder andere Richtung aus und der Schub wirkt sich nicht nach vorne aus, sondern geht seitlich daran vorbei. Begünstigt wird das noch dadurch, dass Pferde in der Hinterhand breiter sind als in der Schulter. Die geraderichtende Arbeit muss in jeder Arbeitsstunde erfolgen und ist ein immer fortwährender Prozess, das ganze Ponyleben lang!

Deutliche Lastaufnahme der Hinterhand

Versammlung

Ziel der Versammlung ist eine gleichmäßige Lastaufnahme der Beine. Der Schwerpunkt, der von Natur aus mehr auf der Vorhand liegt, soll sich in Richtung Hinterhand verlagern. Dadurch richtet sich die Vorhand auf, wird freier und beweglicher. Lektionen wie Piaffe, Passage und die Schulen über der Erde sind nur durch eine hohe Versammlung zu erreichen. In der Versammlung werden die Hinterbeine durch die vermehrte Lastaufnahme stärker gebeugt. Der Betrachter hat den Eindruck, das Pferd geht „bergauf". Die Schritte, Tritte und Sprünge werden kürzer und erhabener bei gleichbleibendem Takt, Fleiß und Schwung. Die Muskulatur, die zum vermehrten Tragen notwendig ist, muss über einen längeren Zeitraum gebildet und aufgebaut werden. Die abwechselnde Arbeit in der Versammlung und in freieren Gangmaßen verhindert eine Verkrampfung der Muskulatur und sorgt wieder für die Schwungentwicklung. Auch ist es empfehlenswert, nach einigen Reprisen in versammeltem Tempo, zwischendurch den Hals wieder lang und tief einzustellen, um einer vorzeitigen Ermüdung der Halsmuskulatur vorzubeugen.

Kurze Pausen zwischen den Reprisen, in denen sich das Pony wieder erholen kann, sind wichtig.

Ein langsameres Tempo ist keine Versammlung. Das wird oft falsch verstanden.

Durchlässigkeit

Durchlässig ist ein Pony dann, wenn es alle Hilfen reibungslos und ohne Widerstand auf beiden Händen „durchfließen" lässt. Das gilt sowohl für die vorwärtstreibenden, die seitwärtstreibenden und die

Ob ein Pony durchlässig ist, zeigt sich beim Rückwärtsrichten besonders deutlich.

verhaltenden Hilfen. Es soll auf die treibenden Hilfen ohne zu zögern und ohne
Widerstand vorwärts und seitwärts
gehen, aktiv mit der Hinterhand durch-
schwingen und sich nicht verhalten. Die
verhaltenden Hilfen (Zügelhilfen) sollen
ohne Blockierung vom Maul über das
Genick und den Rücken bei den Hinterbeinen ankommen. Man muss es sich

vorstellen wie eine Stromleitung, durch
die feiner Strom fließt. Besteht an irgend-
einer Stelle eine Blockade, wird der Fluss
unterbrochen und kommt auch an seinem Bestimmungsort nur verzögert,
unvollständig oder gar nicht an. Die
Durchlässigkeit ist die entscheidende
Eigenschaft des richtig gearbeiteten
Ponys. Ein Pony, das sich in allen Gangarten jederzeit leicht und ohne großen
Aufwand versammeln lässt und daraus
wieder das Tempo verstärkt, ist vollkom-
men durchlässig und hat die Voraussetzungen für größere Aufgaben. Um durchlässig zu sein, müssen alle Körperteile des
Ponys reibungslos miteinander funktionieren und die Hilfengebung des Führers
muss genauso durchlässig sein. Erst
wenn alle „Rädchen" ineinander greifen,
kann Durchlässigkeit enstehen.

Einteilung einer Arbeitseinheit

Eine Arbeitseinheit wird in folgende
Abschnitte unterteilt:

Lösungsphase
Dieser Teil der Stunde enthält die Schritt-
phase am Anfang und das Arbeiten im
Vorwärts-Abwärts in allen drei Grundgangarten, Schenkelweichen, Übergänge,
gebogene Linien sowie kurze Schritt-
pausen und dauert insgesamt ca. 20

bis 30 Minuten. Bei jungen Ponys ist die
Lösungsphase bereits der gesamte Inhalt
der Arbeitseinheit.

Arbeitsphase
Nach der Lösungsphase beginnt der Ar-
beitsteil, der auch etwa 20 bis 25 Minuten
in Anspruch nimmt. In diesem Teil werden die Lektionen des jeweiligen Ausbil-
dungsstandes geübt, die Durchlässigkeit

Sehr gute Dehnung bei weit untertretenden Hinterbeinen beim Lösen

auf die Hilfen verbessert, an Biegung und Stellung gearbeitet und auch kurze entspannende Pausen eingelegt.

Entspannungsphase

Der letzte Teil der Stunde umfasst ca. 10 bis 15 Minuten Schritt am langen oder hingegebenen Zügel, um das Pony in Puls und Atmung zu beruhigen, es abschwitzen zu lassen und im Idealfall auch zum Trocknen zu bringen. Diese Phase dient ebenfalls der psychischen Entspannung, bevor es zurück in den Stall geht. Ponys, denen man diese Phase am Schluss nicht gönnt, schwitzen oft nach. Es ist für den Körper nicht gut, „heißgelaufen" in den Stall zu kommen.

Der gesamte zeitliche Ablauf der Ausbildung lässt sich im Voraus nicht bestim-

men. Es hängt von Talent, Arbeitspensum, Bereitschaft zur Mitarbeit und in großem Maße von der Qualität des Ausbilders ab, wie schnell man vorwärtskommt. Aber da wir nicht für die Olympiade trainieren, kommt es letztendlich auch nicht darauf an, in welchem Zeitraum man lernt, sondern wie gut das Ergebnis ist!

Bei Dressurpferden geht man davon aus, dass bei normal ablaufender Ausbildung das Pferd jedes Jahr in einer höheren Klasse gehen kann.

Auf Ponys kann man das nur bedingt übertragen. Bei Ihnen geht vieles schneller, anderes sehr viel langsamer als bei Großpferden. Deshalb muss man den Fortschritt in der Arbeit vom Individuum abhängig machen und genau abschätzen, was man ihm zumuten kann.

Wie Ponys lernen

Klassisches Lernen

„Pferde lernen durch Erfahrung" ist eine alte Behauptung im Zusammenhang mit der Art und Weise, wie Pferde und Ponys lernen. Es gibt aber noch mehr unterschiedliche Lernweisen, die wir kennen sollten.

Dazu sind zwei Reize notwendig. Ein natürlicher Stimulus, der sicher eine bestimmte Reaktion hervorruft und ein Sinnesreiz. Dazu gibt es ein berühmtes Beispiel.

Beim Anblick von Futter läuft einem hungrigen Hund förmlich das Wasser im Mund zusammen.Ein russischer Verhaltensforscher hat vor langer Zeit einmal dazu ein Experiment gemacht. Jedesmal kurz bevor die Hunde gefüttert wurden, läutete er eine Glocke. Sie brachten das Signal der Glocke nach kurzer Zeit in den

Ob er diese Zusammenhänge begreift?

Zusammenhang mit Futter. Wenig später floss der Speichel nicht erst beim Anblick des Futters, sondern schon beim Läuten der Glocke, weil die Hunde dieses Signal direkt mit Futter assoziierten. Der an sich für einen Hund beudeutungslose Glockenton wurde der „Reiz", der nach einiger Zeit auch alleine die „Reaktion" (Speichel) hervorrief. Man spricht von einem konditionierten Reflex.

Lernen durch Erfolg

Beim Lernen durch Erfolg hat das Tier mehrere Möglichkeiten, auf einen Reiz zu reagieren. Meist wählt es anfangs aus purem Zufall die Richtige. Dieser Zufallstreffer führt zum Erfolg, weil das Pony genau dann eine Belohnung erhält. Wählt es die falsche Reaktion, wird es nicht belohnt. Ein gutes Beispiel ist das Erlernen des Spanischen Schritts. Das

Touchieren der Gerte am Bein des Ponys führt nach mehr oder weniger vielen Versuchen zufällig dazu, dass das Bein angehoben wird und dafür bekommt es sofort eine Belohnung. Noch hat das Pony den Ablauf nicht gelernt, aber je öfter es mit einer bestimmten Reaktion (Beinheben) Erfolg hatte und dafür belohnt wurde, umso mehr manifestiert sich der Reiz

(Touchieren) mit der richtigen Reaktion (Beinheben). Auf das Touchieren sind anfangs mehrere Reaktionen möglich (Weglaufen, Rückwärtsausweichen etc.), aber nur *eine* Reaktion ist richtig und wird belohnt. Um die anfänglichen Schwierigkeiten möglichst minimal zu halten, ist es wichtig, das Pferd in eine Situation zu bringen, bei der die gewünschte richtige Reaktion sehr wahrscheinlich ist. Wenn Sie sich zum ersten Mal am Abend eines langen Koppeltages auf ein junges Pferd setzen, ist die Wahrscheinlichkeit, dass es ruhig stehen bleibt größer, als wenn Sie das nach drei Stehtagen tun. Lernt das Pferd nun auch noch verschiedene Reize mit verschiedenen Reaktionen zu beantworten, dann spricht man von Lernen durch Unterscheidung. Unsere Ponys müssen viele verschiedene Signale deuten können und einige Schnalz- und Touchierhilfen differenzieren.

Positive Verstärkung

Positive Verstärkung ist das Lob und die Belohnung in Form von Stimme, Streicheln und Futter. Das muss aber je nach Pony und Lerngrad unterschiedlich gehandhabt werden. Wenn ein Pony damit beginnt, etwas Neues zu lernen, belohnt man auch die noch unkorrekte Ausführung oder sogar nur eine Reaktion, die irgendwie in die richtige Richtung geht. Ein Pony, das die Lektion bereits beherrscht, wird nur noch für eine Steigerung bzw. eine sehr gute Ausführung belohnt. Lernt ein Pony zum Beispiel das Steigen, so wird schon ein ganz geringes Abheben beider Beine vom Boden belohnt. Lancelot, der das Steigen beherrscht, wird nur noch dann belohnt, wenn er lange oben bleibt, die richtige Haltung einnimmt und die Beine

Motivation durch Belohnung

anwinkelt. Würde ich ihn vorher belohnen, hätte er keinen Anreiz, sich noch mehr anzustrengen. Die Belohnung, in welcher Form auch immer, muss also in Relation zur gezeigten Leistung stehen.

Ansonsten kann es leicht passieren, dass die Belohnung „entwertet" wird. Bekommt das Pony nur bei guter Leistung Futter, verstärkt das ganz ungemein die Motivation, sein Bestes zu geben.

Negative Verstärkung

Negative Verstärkung bedeutet eine Strafe oder Nicht-Belohnen. Das Einbeziehen von Angst und Furcht spielt in der Pferdeausbildung häufig eine große Rolle. Angstvolle Erfahrungen bleiben einem Pferd besonders lange im Gedächtnis, weil die Lernerfahrung viel

Seien Sie konsequent, wenn eine Bestrafung nötig ist. Nur dann versteht Ihr Pony das auch.

stärker ist als bei der positiven Verstärkung. Wir kennen alle die Erfahrung mit den Fingern auf der heißen Herdplatte. Eine einzige negative Erfahrung damit hat genügt, um uns klüger zu machen.

Wenn Schmerz so einen durchschlagenden Erfolg hat, dann fragt man sich natürlich, warum nicht die gesamte Pferdeausbildung darauf basiert.

Weil der Erfolg nur sehr kurzfristig und nur bei einfachen Dingen zu erzielen ist. Zudem sind Pferde, die Angst haben, kaum in der Lage, komplexere Dinge zu lernen. Die Furcht lähmt sie geradezu und das ganze Pferd ist verspannt und nicht fähig, etwas zu begreifen. Viele Ausbilder arbeiten auf der Basis „nicht gestraft, ist genug gelobt". Das ist eine sehr traurige und auch wenig vielversprechende Art, einem Pferd etwas beizubringen. Schließlich möchten wir, dass das Pony gerne mitarbeitet. Ich habe immer wieder festgestellt, wie viel einfacher und schöner es ist, wenn das Pony denselben Spaß an etwas hat wie ich.

Die negative Verstärkung eignet sich lediglich dazu, unerwünschte Verhaltensweisen kurzfristig abzustellen. Wenn zum Beispiel ein Pony die Überlegung angestellt hat, dass mir ein Loch in der Reithose gut stehen würde und das bereits in die Tat umgesetzt hat, würde ich in dem Moment auf eine negative Verstärkung meines Kommandos „NEIN!" nicht verzichten wollen.

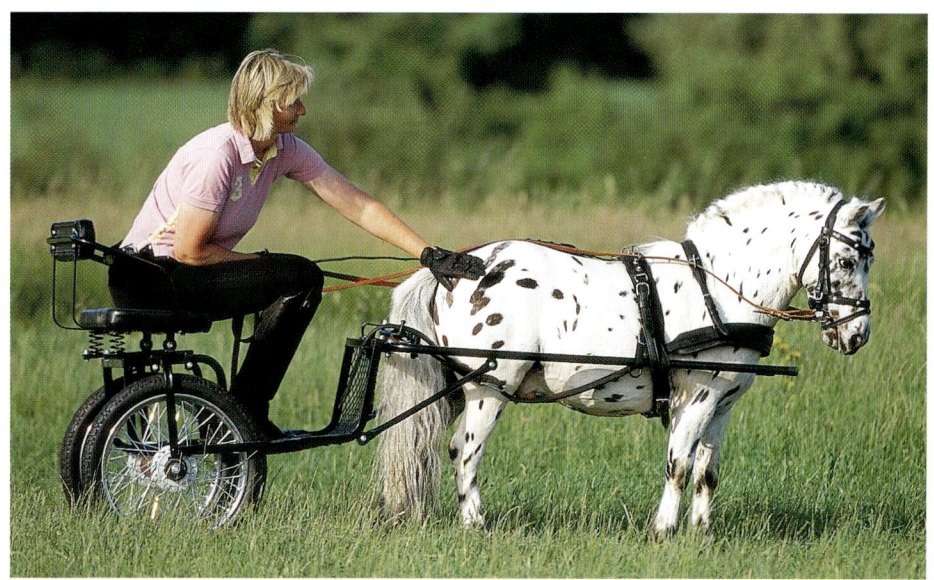

Ponys lieben es gelobt zu werden, wenn sie etwas gut gemacht haben.

Was verhindert oder fördert Lernen?

Wenn Ihr Chef Ihnen gerade die Kündigung ausgesprochen hat oder Ihr Partner sich von Ihnen getrennt hat, erleben Sie akuten Stress. Stress in jeder Form wirkt sich äußerst nachteilig auf die Lernfähigkeit von Mensch und Tier aus. Situationen, in denen Ponys Stress erleben, sind zum Beispiel:

> *Angst (vor dem Menschen, bestimmten Situationen, unbekannten Gegenständen etc.)*
> *Angst vor Misserfolg (Erwartung einer Strafe)*
> *Krankheit*
> *Schmerzen (auch durch unpassende Ausrüstung etc.)*

> Hunger und Durst
> Leistungsdruck (hohe Erwartungs-
>   haltung, Ungeduld)
> Langeweile (23 Stunden in der Box
>   verbringen)
> Müdigkeit, Erschöpfung und
>   Überforderung
> Kein Sozialkontakt zu Artgenossen
> Ungünstige Haltungsformen
> Lärm und unbekannte Geräusche

Die beste Voraussetzung für unkompliziertes Lernen ist also eine stressfreie Umgebung sowie geistige und körperliche Fitness. Ärgern Sie sich nicht, wenn Fehler passieren. Wenn man nichts falsch macht, macht man auch nichts richtig. Fehler sind dazu da, um erkannt und dann systematisch abgestellt zu werden. Werten Sie nicht jede vermasselte Lektion als Enttäuschung sondern als Wegweiser zum Erfolg. Sie müssen ja nur erkennen, warum es nicht geklappt hat und versuchen, das beim nächsten Mal besser zu machen. Ihre eigene psychische Ausgeglichenheit beeinflusst das Lernverhalten Ihres Ponys enorm.

Ein Pony merkt schnell, wenn der Mensch gereizt, genervt oder ungeduldig ist. Je nach Typ reagiert das Pony darauf zäh, ungehorsam oder auch hektisch. Brechen Sie das Training ab, wenn Sie merken, dass heute einfach nichts klappen will.

Lancelots Lerneifer

Als Lancelot zu uns kam, war er fürchterlich ungezogen und als Hengst schon vierjährig mit einem großen Selbstbewusstsein ausgestattet.

Am Anfang war es wichtig, einen gewissen Grundgehorsam zu bekommen und klarzustellen, wer der Chef ist. Einfache Longe und zirzensische Lektionen folgten im ersten Ausbildungsjahr. Er hat unglaublich schnell gelernt. Den Spanischen Schritt konnte er zum Beispiel nach drei Tagen und das Steigen hat er gleich beim ersten Versuch verstanden. Die größte Herausforderung während seiner Ausbildung war nicht, neue Lektionen zu lernen, sondern seinen permanenten Übereifer zu regeln.

Seine hohe Intelligenz befähigt ihn, alles schnell aufzufassen und umzusetzen, aber er braucht auch immer wieder lange ruhige Arbeitsphasen und viel freie Bewegung, die ihn psychisch entspannen. Als Hengst lässt er sich dazu noch sehr leicht ablenken und man muss aufpassen, dass er sich konzentriert. Deshalb ist für ihn die Arbeit in Dehnungshaltung enorm wichtig. Da ich sonst Dressurpferde ausbilde, war für mich klar, dass es auch mit Lancelot nur den Weg über die klassische Ausbildungsskala gibt.

Spaß

Das positive Gefühl, mit seinem Pony zusammen etwas zu unternehmen oder bestimmte Ziele zu erreichen, ist ein ganz wichtiger Faktor. Bei vielen Reitern, die turniersportlich orientiert sind, hat man das Gefühl, dass sie alles Mögliche haben, nur keinen Spaß an der eigentlichen Sache, dem Reiten.

Ponyleute scheinen sich auch an einfachen Dingen wirklich freuen zu können. Ihr Pony kommt Ihnen auf der Weide entgegengetrabt, Sie erleben einen munteren Galopp im Gelände oder das Pony lernt eine Lektion, von der Sie nie geglaubt haben, dass sie klappen könnte.

Sich auch über kleine Fortschritte freuen zu können, bringt auch den Spaß, weiterzumachen.

Versuchen Sie, sich und Ihrem Pony das immer zu erhalten! Sie werden sich wundern, wie viel schneller die Ausbildung vonstatten geht.

Hier haben alle drei eine Menge Spaß.

Positive Grundeinstellung

Ob ein Glas halb voll oder halb leer ist, wird von verschiedenen Menschen verschieden gesehen. Menschen, die grundsätzlich negativ eingestellt sind, tun sich schwer, kleine Erfolge zu genießen und das Gesamte objektiv zu betrachten.

Versuchen Sie, die Arbeit mit Ihrem Pony grundsätzlich wohlwollend zu sehen. Das heißt nicht, dass man nicht kritisch sein sollte, das schon. Aber es tut auch nicht gut, jede falsche Bewegung als persönliche Niederlage aufzufassen.

Longenarbeit

Die Grundausbildung

Die Arbeit an der Longe ist für Trainer von Mini-Ponys und Shettys anfangs die hauptsächliche Arbeitsweise in der Ausbildung. Die reiterliche Ausbildung unserer Kleinen ist deshalb schwierig, weil Kinder in der richtigen Körpergröße noch nicht gut genug reiten können und diejenigen, die alt genug sind, um ein Pony auch gut auszubilden, sind normalerweise viel zu groß. Es macht keinen Sinn, kleine Kinder mit der Ausbildung zu beauftragen. Damit sind sie überfordert, besonders wenn es sich um Hengste handelt. So ein kleiner Hengst kann einen unglaublichen Eigensinn entwickeln,

Grundausrüstung für die einfache Longe

wenn es darum geht, zu einer Stute zu gelangen. Oftmals hat dann sogar ein Erwachsener alle Hände voll zu tun.

So ergibt es sich zwangsläufig, dass der größte Teil der Ausbildung zuerst an der Longe abläuft, jedoch in verschiedenen Formen.

Anfangs wird das Pony an der einfachen Longe mit Ausbinde- bzw. Dreieckszügeln longiert. Für diese ersten Schritte, das Erlernen der Kommandos, den Umgang mit Stimme und Peitsche etc. ist das der richtige Weg. Das Pony muss wie seine großen Kollegen im Schritt, Trab und Galopp lernen, sich auf der Zirkellinie auszubalancieren und den Kommandos des Longenführers zu folgen.

Der Einsatz der Longierpeitsche und das Tragen der Ausrüstung können hier gut geübt werden.

Hier geht es auch von oben.

Zuerst muss die Streckmuskulatur entwickelt werden und das Pony lernt durch das gleichmäßige Arbeiten an der Longe an das Gebiss heranzutreten und den Hals fallen zu lassen. Ideal für diese Art des Longierens ist die Verwendung eines speziellen Kappzaumes, um das Pony möglichst wenig im Maul zu stören und trotzdem die notwendige Einwirkung zu haben. Ein Halfter erfüllt diese Funktion nicht. Falls kein Kappzaum vorhanden ist, kann man auch die Longe in den Trensenring und anfangs zusätzlich mit in das Reithalfter schnallen.

Diese Haltung sollte man mit dem jungen Pony anstreben:

> *aktives Hinterbein*
> *energisches Antreten*
> *weit unterspringendes inneres Hinterbein im Galopp*
> *frei aus der Schulter nach vorn schwingendes Vorderbein*
> *gedehnter Hals*
> *leichte und konstante Verbindung zum Gebiss*
> *Nase leicht vor der Senkrechten*
> *insgesamt „runde" Oberlinie*
> *losgelassene Bewegungen*

Einfache Longe

An der einfachen Longe lernt das Pony, sich in den Grundgangarten auf der Zirkellinie auszubalancieren. Es lernt die Übergänge von einer Gangart in die andere und die Tempounterschiede innerhalb einer Gangart. Halten, Rückwärtsrichten und später auch versammelte Lektionen können an der einfachen Longe ebenfalls geübt werden.

Ein abgegrenzter Longierzirkel erleichtert die Arbeit anfangs sehr, da das Pony von außen eine Anlehnung hat und nicht abdriften kann. Dadurch kann die Einwirkung mit der Hand auf ein notwendiges Minimum reduziert werden. Die Longierpeitsche sollte leicht in der Hand

Arbeitstrab als Grundlage

liegen und mit Schlag so lange sein, dass man das Pony auch bequem erreichen kann. Jedes Pony erkennt innerhalb kurzer Zeit, wenn die Peitsche auch nur auf 5 cm nicht herankommt. Es gibt sehr fleißige Ponys, bei denen mit der Peitsche nur optische Hilfen gegeben werden müssen,

Galopp und Trab in Dehnungshaltung

Ebenso werden Paraden dadurch eingeleitet, dass die Peitsche vor das Pony gehalten wird, um zusätzlich zum Stimm-Kommando eine optische Hilfe für halbe und ganze Paraden zu geben. Ist die Peitsche zu kurz, funktioniert das nur sehr schwer.

Halbe und ganze Paraden

Halbe Paraden werden gebraucht, um von einer Gangart in eine nächstniedrigere Gangart zu kommen, um das Pony auf eine kommende Lektion vorzubereiten, es wieder vermehrt auf die Hinterhand zu bringen und es aufmerksam zu machen.

Eine ganze Parade führt, egal aus welcher Gangart, immer zum Halten.

Ausbinder

Die ersten Male an der Longe lässt man das Pony noch unausgebunden, damit es sich frei ausbalancieren kann. Danach sollte für eine dressurmäßige Ausbildung das Pony mit Dreieckszügeln ausgebunden werden, da eine Arbeit im Sinne der Ausbildungsskala sonst nicht möglich ist. Am Anfang werden die Dreieckszügel so lange eingeschnallt, dass das Pony noch viel Halsfreiheit hat. Allmählich im Laufe der Gewöhnung können sie verkürzt werden. Das Pony sollte jedoch immer mit der Nasenlinie vor der Senkrechten sein.

Später können auch ganz normale Ausbinder verwendet werden.

es gibt aber auch sehr faule Ponys, die man durchaus erst mal durch energisches Treiben munter machen muss. Dazu ist es notwendig, dass der Longenführer ruhig in der Mitte stehen bleiben kann und von dort aus durch ein leichtes Schnicken des Handgelenkes das Pony mit dem Ende des Schlages erreichen kann. Unpraktisch ist, wenn der Longenführer mit einem Wedel ausgestattet ist, der höchstens zum Fliegenjagen taugt.

Doppellonge

Die differenzierten Einwirkungsmöglichkeiten in der Hilfengebung sind mit der
einfachen Longe begrenzt. Nach der
Grundausbildung an der einfachen Longe
empfiehlt sich deshalb der Einsatz der
Doppellonge. Die Arbeit an der Doppellonge ist eine hervorragende Möglichkeit,
sein Pony an höhere Aufgaben heranzu-
führen und Stellung und Biegung zu verbessern. Nachdem die Schubkraft gefördert wurde, ist das Pony auch gut in der
Lage, die Tragkraft zu entwickeln. Das
Longieren mit der Doppellonge kann man
mit Reiten vom Boden aus vergleichen.
Die Einwirkung des Longenführers ist
ähnlich der des Reiters. Allerdings ohne
den Einsatz von Gewichts- und Schenkel-
hilfen. Diese werden ersetzt durch die
Peitschen- und Stimmhilfen.

Verschnallung der inneren Leine

Verschnallung der äußeren Leine

Erstes Gewöhnen
an zwei Leinen

Am Anfang gewöhnt man das Pony erst
mal daran, dass nun auch eine Leine um
die Außenseite läuft. Die innere Longe
wird in V-Schnallung verwendet, da es
hiermit um einiges einfacher ist, dem
Pony anfangs den Weg zu zeigen. Sie verläuft vom Gurt durch den inneren Trensenring zum Longenführer. Die äußere
Leine verläuft vom äußeren Trensenring
zum Gurt und von da aus über den Rücken zum Longenführer. Durch diese Verschnallung der inneren Leine hat man die
Möglichkeit, eine leicht seitliche Wirkung
zu erreichen und es ist für das Pony viel
leichter, Richtungsänderungen zu verstehen. Da das Pony sich am Anfang noch
nicht gut biegen kann, würde bei gleichmäßiger Schnallung der Anzug der inneren Leine nach rückwärts wirken und für
Verwirrung sorgen.

Wie an der einfachen Longe neigt das Pony dazu, mit der Hinterhand nach außen auszufallen. Hat sich das Pony an die Einwirkung beider Leinen gewöhnt, schnallen wir daher die äußere Leine tief. Das heißt, die Leine verläuft vom äußeren Trensenring waagrecht zum Gurt und wird von da aus an einem möglichst tiefen Punkt am Gurt noch einmal umgeleitet. Deshalb ist es wichtig, eine Doppellonge mit Umlenkrollen zu haben. Die Umlenkrollen stellen sicher, dass trotz der veränderten Linienführung die Leine ungehindert gleiten kann und nirgends stockt oder sich festhakt. Ebenso muss man bedenken, dass man als Erwachsener mit den Händen an einem viel höheren Punkt ist, als vergleichsweise bei einem Großpferd. Die Leinen verlaufen vom Longenführer abwärts in Richtung Pony. Würde man die äußere Leine nicht tief verschnallen, würde sie bei jedem Annehmen über den Rücken des Ponys oder unter den Schweif gezogen. Wir möchten aber, dass sie ein Ausfallen der Hinterhand verhindert und da bleibt, wo diese Möglichkeit auch gegeben ist.

Dann beginnen wir damit, das Pony durch Longieren auf dem Zirkel und wechselweise auf der Geraden langsam an den äußeren Zügel heranzutreiben. Dadurch läßt es den Hals vorwärtsabwärts fallen und tritt vertrauensvoll ans Gebiss heran. Wichtig in diesem Zusammenhang ist noch zu erwähnen, dass die Hand, die den äußeren Zügel führt, besonders elastisch sein muss, um Stöße ins Maul des Ponys zu vermeiden.

Mit guter Stellung und Biegung an der Doppellonge

Da die Longe um das äußere Hinterbein geführt wird und dieses sich bei jedem Tritt vor- und zurückbewegt, muss die Hand des Longenführers in dieser Bewegung mitgehen.

Handwechsel

Bei einem Handwechsel müssen bei der V-Schnallung die Longen umgeschnallt werden. Das mag zwar etwas lästig sein, die Vorteile dieser Schnallung überwiegen jedoch.

Wenn sich das Pony gleichmäßig auf beiden Händen biegen und stellen lässt, können die Longen symmetrisch verschnallt werden, um Handwechsel in der Bewegung zu longieren. Dabei ist auf eine harmonische Linienführung und weiches Umstellen zu achten. Das kann in Form von Achten bzw. Aus dem Zirkel wechseln oder in Kehrtvolten geübt werden.

Geraderichtung mit der Doppellonge

Übergänge

Das Longieren von Übergängen ist ein wichtiger Bestandteil der Arbeit an der Doppellonge. Hierbei bringt man dem Pony bei, durch Vortreiben mit der Peitsche an die weich abfangende Hand, sich während des Überganges auszubalancieren und ohne Stockungen von einer Gangart in die andere zu wechseln. Die Kriterien und Probleme sind genau gleich wie beim Reiten. Es passieren auch dieselben Fehler. Generell kann man sich

eine Frage gut selbst beantworten, wenn man überlegt, was man bei diesem Problem denn jetzt beim Reiten tun würde. Für die meisten Fehler sind ungenügendes Herantreiben der Hinterhand und zuviel Handeinwirkung die Quelle des Übels. Und das ist beim Reiten ebenfalls so.

Seitengänge

Bei allen anfänglichen Übungen der Seitengänge benutze ich die Doppellonge, weil ich damit die Hinterhand unter Kontrolle habe. Man sollte eine übertriebene Abstellung der Hinterhand vermeiden, weil das Pony sonst am Schwerpunkt vorbeitritt. Wenn das Pony einen gewissen Versammlungsgrad erreicht hat, können die Übungen der Seitengänge auch auf den Zirkel verlegt werden. Sie können sowohl Schulterherein, Konterschulterherein, Travers und Renvers auf dem Zirkel longieren. Dadurch, dass die Hinterhand einen kleineren Kreisbogen als die Vorhand zurücklegt, muss es schon mehr Gewicht aufnehmen und das Untertreten wird gefördert. Der Longenführer geht direkt hinter dem Pony und lenkt es im Schritt, im verkürzten Trab und später auch im versammelten Galopp auf einen Zirkel. Dann führt er mit dem äußeren Zügel die Kruppe nach innen zur Zirkelmitte hin. Der innere Zügel erhält die Biegung und die Peitschenhilfen treiben das innere Hinterbein vor. Es ist wesentlich leichter, eine Biegung auf dem Zirkel herzustellen und zu erhalten als auf der Geraden. Wenn das Pony die Lektionen auf dem Zirkel beherrscht, können Sie zur Geraden wechseln.

Höhere Lektionen

Mit zunehmender Versammlung kann man den Radius auf dem Zirkel immer mehr verkleinern. Verkleinert man zum Beispiel im Travers den Galopp immer mehr, bis die Vorhand um die Hinterhand herumspringt, führt das Pony eine Galopp-Pirouette aus. Es ist eine enorme Kraftanstrengung bei jedem Galoppsprung im Takt die Vorhand zu erheben.

Die äußere Leine verhindert das Ausfallen der Hinterhand nach außen, während die innere Leine für die entsprechende Stellung nach innen sorgt.

Förderung der Versammlung

Deutlich sichtbare Hankenbeugung

Taktmäßiges Treten über Stangen ist für Kraft...   *... und Kondition sehr förderlich.*

Cavalettiarbeit und Springgymnastik

Cavalettiarbeit und Springgymnastik sind für unser Pony eine hervorragende Abwechslung, die zudem auch Eigenschaften schult, die wir in der Dressurausbildung gut gebrauchen können:

> langsames Steigern der Anforderungen fördert das **taktmäßige Treten über Stangen**

> die **Rückentätigkeit** und die **Muskelbildung allgemein** werden verbessert

> die **Aufmerksamkeit** und das **Reaktionsvermögen** lassen sich über das Aufbauen von immer wieder wechselnden Höhen und Abständen sehr gut schulen

> durch Cavalettis und kleine Sprünge wird das Augenmaß des Ponys, das **Taxieren**, verbessert

> die **Schnellkraft** und **Muskulatur** von Hinterhand und Rücken werden durch Springen von kleinen Reihen gefördert

> das **Selbstvertrauen** des Ponys zur eigenen Kraft und Beweglichkeit wird entwickelt

Trainingsreize durch Springgymnastik

Konditionstraining

Bei Großpferden ist man gut beraten, nicht zu früh eine ungewollt gute Kondition anzutrainieren. Vor allem bei Blutpferden ist es eher hinderlich, wenn man mit überschäumenden Kräften kämpfen muss, bevor ein gewisser Gehorsam vorhanden ist.

Shettys und Minis sind selten zu temperamentvoll. Im Gegenteil, die Arbeit an der Hand und am langen Zügel wird erschwert, wenn das Pony zu träge ist. Voraussetzung für eine erfolgreiche Arbeit ist daher auch eine gute, dem Ausbildungsstand entsprechende Kondition. Geht dem Pony nämlich schon nach zehn Minuten die Puste aus, ist mit dem Training schon Schluss, bevor man über die Lösungsphase hinausgekommen ist.

Eine Konditionierung, die sich durch das aufbauende Arbeiten an der Longe im Laufe der Zeit ergibt, sowie spezielles Intervall-Training, kann daher sinnvoll sein. Galopparbeit im Wechsel mit Ruhephasen im Schritt nennt man *Intervalltraining*. Je mehr die Kondition zunimmt, desto länger werden die Galoppphasen bei gleichbleibenden Ruhepausen. Ein untrainiertes Pony wird kaum in der Lage sein, mehrere Minuten am Stück zu galoppieren. Deshalb fängt man mit kurzen Galoppreprisen und längeren Schrittphasen an.

Für die Galopparbeit muss der Zirkel so groß wie möglich gewählt werden, um die Gelenke nicht unnötig zu belasten. Wenn man eine große ebene Wiese zur Verfügung hat und in einem größeren Radius am Ende der Longe mitläuft, dann bekommt man gut einen Zirkeldurchmesser von 30 bis 40 Metern. Auf dieser Größe ist dann auch problemlos ein flotteres Tempo möglich.

Ein Pony mit guter Kondition arbeitet leichter.

Intervalltraining

Ein Beispiel für den Aufbau des Intervall-Trainings wäre:

*1 Minute Galopp / 3 Minuten Schritt /
1 Minute Galopp / 3 Minuten Schritt /
1 Minute Galopp*, das über einen Zeitraum

von mehreren Monaten zu einer Verteilung von *5 Minuten Galopp / 3 Minuten Schritt / 5 Minuten Galopp / 3 Minuten Schritt / 5 Minuten Galopp*, gesteigert wird.

Die meisten Vielseitigkeitsreiter konditionieren ihre Pferde durch das Intervall-Training. Der Sinn ist, nach einer Belastung (Galopp) das Pferd zur Ruhe (Schritt) kommen zu lassen, aber nur so lange, bis es sich fast erholt hat. Im Laufe der Zeit wird die Belastung gesteigert, so dass sich der Körper dem anpasst und dadurch Kondition aufgebaut wird. Würde man nur galoppieren ohne die entsprechenden Ruhepausen im Schritt, wäre sowohl der Effekt nicht so gut als auch die Gefahr einer Überbelastung zu groß.

Galopparbeit heißt allerdings nicht, ein auseinandergefallenes Pony im Höllentempo um die Wiese zu jagen. Die Ausbildungsskala dürfen wir auch hierbei nicht vergessen. Das Pony sollte relativ lang ausgebunden sein, über den Rücken galoppieren und ein gleichbleibendes geregeltes Arbeitstempo in klarem Dreitakt gehen.

Das ist schon ganz schön anspruchsvoll und wird sich auch nur mit Ponys machen lassen, die gut und gerne galoppieren. Ist das nicht der Fall, beginnt man besser mit Trab – Schritt – Trab – Schritt-Trab im Wechsel, bis genügend Kraft vorhanden ist.

Wie und wie oft ich Lancelot longiere

Lancelot wird circa dreimal pro Woche longiert. Je nachdem, was ich gerade mit ihm trainiere, wechsle ich die Art der Longenarbeit. Die einfache Longe verwende ich speziell, um ihn abzuspannen und in Ruhe vorwärts-abwärts die Dehnungshaltung zu erreichen. Ganz wichtig ist dabei, den Takt, die Losgelassenheit und die Anlehnung zu erarbeiten. Viele Übergänge und halbe Paraden bringen ihn dazu, taktmäßig zu gehen, ans Gebiss heranzutreten und über den Rücken zu schwingen. Um Hinterhand und Rücken zu kräftigen, longiere ich ihn über Trab- und Galopp-Cavalettis und variiere dabei öfters die Abstände, so dass er zum Teil vermehrt im Tempo zurückkommen und mal mehr schwungvoller abfußen muss. Das ist hervorragend zur Muskelbildung des gesamten Körpers geeignet. Die Doppellonge benutze ich, um Stellung und Biegung zu verbessern und um die Lastaufnahme der Hinterhand zu trainieren. Im Training verwende ich die Doppellonge für sämtliche Dressurlektionen. Die wirklich schweren und hochversammelten Lektionen muss er höchstens einmal pro Woche gehen.

Zirzensische Lektionen

Dazu gehört viel Vertrauen.

Zirzensische Lektionen oder auch Zirkus-lektionen genannt, sind keine klassischen Lektionen. Deshalb haftet ihnen oft der Ruf an, für die Ausbildung eines Pferdes höchstens eine Art Pudeldressur zu sein.

Zugegeben, um ein Pferd gut auszu-bilden, sei es nun unter dem Sattel oder an der Hand, benötigt man die zirzen-sischen Lektionen nicht. Aber im Gegen-satz zu der gängigen Meinung machen sie den meisten Pferden und Ponys un-geheueren Spaß und sind sehr wohl für die Gymnastizierung des Körpers von großem Nutzen.

Koordination, Körpergefühl, Kraft, Geschicklichkeit und Vertrauen werden unwahrscheinlich gefördert und schon das allein rechtfertigt ihre Anwendung. Falsch ausgeführt, können sie ein Pferd genauso quälen wie falsch gerittene klassische Lektionen. Allerdings sind die

meisten Menschen, die sich mit Zirzensik beschäftigen, gewillt, sich intensiv auf ihr Pferd einzulassen, Reaktionen zu beob-achten und auch größere Mühen nicht zu scheuen. Die Gefahr, ein Pony damit zu überfordern, sehe ich als relativ gering, da schließlich die freiwillige Mitarbeit das Wichtigste ist. Man kann zwar ein Pony mit Gewalt auf den Boden zwingen, aber verständlicherweise, wird es sich so kaum dazu bewegen lassen, dies gerne zu tun. Und eben diese Ausstrahlung eines frei-willig mitarbeitenden Ponys, will man ja haben. Gerade unsere Ponys, die einen re-lativ geringen Abstand zum Boden haben, sind prädestiniert für zirzensische Lektio-nen und haben selten Probleme damit. Je größer ein Pferd ist, desto größer ist der Höhenunterschied vom stehenden zum liegenden Pferd und viele Großpferde trauen sich einfach nicht so leicht, sich nach unten sinken zu lassen. Andererseits hat die angeborene Eigensinnigkeit der Ponys auch ihre Tücken. Lektionen wie der Spanische Schritt fördern zum Bei-spiel in großem Maße die Schulterfrei-heit, das Gleichgewicht und die Koordina-tion. Aus dem Spanischen Schritt lässt sich später ohne große Mühe die Passage entwickeln, und Pferde, die sich ohne Angst auch vorne touchieren lassen, kön-nen in ihrer Vorderbeinaktion dabei sehr gut und verständlich unterstützt werden. Ebenso lässt sich der Schritt eines Pferdes, das nicht im optimalen Viertakt geht, durch den Spanischen Schritt erheblich verbessern. Ich habe noch nie ein Pferd oder Pony im Spanischen Schritt Pass gehen sehen und häufiges Üben desselben sichert die korrekte Fußfolge im Schritt.

Hilfsmittel, die wir dazu benötigen, sind eine Gerte, eine Beinlonge und Futter. Gezäumt kann das Pony entweder mit Trense und Zügeln sein oder mit Half-

ter und zwei Stricken. Wählen Sie einen Platz aus, der einen weichen Boden hat, so dass es für das Pony nicht unbequem wird. Eine ruhige Atmosphäre trägt dazu bei, dass das Pony sich wohlfühlt und nicht abgelenkt wird. Eine Hilfsperson ist am Anfang von großem Nutzen, die z. B. das Belohnen übernimmt.

Im Folgenden werden die gängigsten zirzensischen Lektionen und deren Anwendung beschrieben.

Das Kompliment

Beschreibung der Übung

Das Kompliment ist die „Mutterlektion" für alle Übungen, bei denen das Pony zu Boden geht. Man steht an der Seite des Ponys und tippt mit der Gerte das Karpal-

Gewöhnung an die Beinlonge

gelenk an, während man gleichzeitig das Stimmkommando „Kompliment" gibt. Dadurch lässt sich das Pony auf dieses Bein herunter und man geht selbst einen Schritt mit zurück. Wenn das Pony unten ist, bleibt die Gerte am Karpalgelenk und solange soll das Pony auch unten bleiben. Beim Aufstehen nehmen Sie die Gerte weg und mit dem Kommando „Auf" soll das Pony wieder aufstehen. Im selben Moment gehen Sie wieder einen Schritt mit nach vorne.

Lernschritte

Als Ausrüstungsgegenstände brauchen wir eine geeignete Beinlonge und eine Gerte. Das Pony kann entweder mit Halfter oder Trense gezäumt sein. Bevor wir anfangen, sollten wir mit beiden

Ein Helfer am Anfang ist sinnvoll.

genügend Spielraum. Durch das Wiegen bringe ich das Pony dazu, seinen Schwerpunkt nach hinten und dann wieder nach vorne zu verlagern, ohne die drei Beine zu bewegen. Man muss darauf achten, dass die Hinterbeine möglichst nach hinten heraus und nebeneinander stehen. Dann gebe ich einen Impuls mit den Zügeln in Richtung links-hinten. Sollte das Pony sofort mit einer Schwerpunktverschiebung nach hinten reagieren, schiebe ich es mit der Zügelhand an der Schulter wieder nach vorne in die Ausgangsposition. Ich nehme es also nicht an, dass das Pony vielleicht schon mehr anbietet. Dann wiederhole ich den Vorgang. Nach einigen Wiegeversuchen belohne ich das Pony, während das Bein noch oben ist, mit Futter und danach mit einer Pause.

Es ist wichtig, die Beinlonge als Stütze zu sehen und deshalb dürfen Sie auch nicht gleich loslassen, wenn das Pony einmal strampeln sollte. Es muss wissen, dass es sich auf die Stütze verlassen kann.

Wenn Sie diese Wiegeübungen fortsetzen und sich langsam nach unten arbeiten, wird Ihr Pony eines Tages ganz von selbst unten ankommen und sich auf dem Röhrbein abstützen. Dann können Sie dazu übergehen, das Pony mit einer Futterschüssel zu füttern. Jeder eigenständige Aufstehversuch wird sofort mit dem Kommando „Auf" begleitet, als sei es so gewollt gewesen.

Vorderbeinen des Ponys einige Dehnübungen machen. Dazu wird jeweils ein Vorderbein in durchgestreckter Position mit der Hand nach vorne oben gedehnt und wieder abgelassen. Das Anlegen der Beinlonge um die Fessel ist eine weitere Vorübung, die sich das Pony problemlos gefallen lassen muss. Dann wird die Beinlonge am aufgehobenen Bein über den Rücken des Ponys gelegt und unter dem Bauch durchgezogen. Auch dieses Hängenlassen des Beines in der Beinlonge muss sicher funktionieren, bevor man zu den Wiegeübungen übergeht.

Dazu stehe ich an der linken Seite des Ponys, habe die Beinlonge und Gerte in der linken Hand und die Zügel in der rechten. Auf diese Weise kann ich das Pony gut einrahmen und habe trotzdem

Später können Sie auch alleine üben.

Sie können entweder den gesamten Vorgang zuerst mit einem Bein durcharbeiten oder aber immer parallel beide Seiten abwechselnd arbeiten.

Ich würde generell davon abraten, das Bein mit der Hand hochzuheben und dann das Pony mit einer Karotte nach unten zu locken. Spätestens beim Hufeauskratzen komplimentiert sich das Pony dann gerne nach unten in Erwartung einer Belohnung. Außerdem ist die Haltung, die es dabei einnimmt, nicht gut und erinnert eher an einen Kopfstand. Neulinge im Bereich der zirzensischen Lektionen greifen gerne auf diesen Weg zurück, weil er am Anfang schnelle Resultate bringt, aber dann später ohne Karotte ganz schwer abrufbar ist.

Wenn das gut funktioniert, kann man versuchen, den Ablauf ohne Beinlonge zu üben. Dazu nehmen wir eine stabile Gerte und lassen das Pony nach dem Abwinkeln des Beines mit der Fessel darauf ruhen und führen es nach hinten. Da Ponys leicht sind, sollte das kein allzu großes Problem sein. Nach und nach sollten wir ihm immer weniger Stütze geben und es dazu bringen, sein Gleichgewicht selbst zu halten. Bei Problemen greifen wir immer wieder auf die Beinlonge zurück.

Bei auftretenden Ermüdungserscheinungen sollten Sie aufhören und an einem anderen Tag weitermachen. Sie fordern sonst Widersetzlichkeiten heraus. Schließlich soll es Spaß machen und es ist unerheblich, ob der gesamte Lernvorgang etwas länger oder kürzer dauert.

>ZIRKUSLEKTIONEN

Fehler, die bei der Entwicklung von zirzensischen Lektionen entstehen, sind genauso schwer zu korrigieren wie Fehler, die beim Reiten gemacht werden.

Ist das Vertrauensverhältnis einmal richtig gestört, sind manche Lektionen sogar nicht mehr korrigierbar. Gehen Sie eher zu langsam als zu schnell vor und lassen Sie Ihr Pony den Zeitpunkt für Fortschritte bestimmen.

Das Knien

Beschreibung der Übung

Das Knien wird aus dem Kompliment heraus erarbeitet. Dabei kniet das Pony mit beiden Vorderbeinen, während der Rücken stark aufgewölbt ist und die

Touchieren am Karpalgelenk

Etwas zu tiefes Absinken der Vorderbeine

Hinterbeine gut unter dem Körper sind. Das Pony sollte die Komplimente auf beiden Seiten ausführen können. Aus dem Kompliment heraus touchieren Sie entweder das Stützbein, das dann ebenfalls eingeklappt wird oder Sie versuchen, bereits im Stehen beide Beine zu touchieren. Beide Wege sind möglich. Von Anfang an begleiten Sie diese Lektion mit dem Kommando „Knie".

Lernschritte

Als Ausrüstungsgegenstände brauchen wir wieder die Beinlonge und die Gerte. Das Pony kann entweder mit Halfter oder Trense gezäumt sein.

Beim Knien hat das Pony den Rücken noch stärker gewölbt als beim Kompliment und die Hinterbeine sind noch mehr unter dem Körper, das heißt der gymnastische Effekt ist extrem gut.

Wenn Sie aus dem Kompliment das Streckbein touchieren, sind die meisten Ponys recht schnell in der Lage, dieses Bein ebenfalls anzuwinkeln. Der weitere Verlauf dieser Übung mit Füttern aus einer Futterschüssel ist dann genau wie beim Kompliment. Es gibt aber auch Ponys, die damit Schwierigkeiten haben, aus der Streckung das Bein abzuklappen. In diesem Fall können Sie die zweite Variante versuchen, indem Sie von Anfang an entweder abwechselnd kurz hintereinander oder auch gleichzeitig bereits im Stehen beide Vorderbeine mit der Gerte touchieren. Wenn das Pony die Komplimente auf beiden Seiten verstanden hat, braucht es meist nur kurze Zeit, um zu begreifen, dass es beide Vorderbeine anwinkeln soll.

Verfahren Sie dann genau so weiter wie beim Kompliment und steigern Sie die Zeitdauer des Untenbleibens. Das Knien kann man auch gut beim Grasen üben, da die Ponys dann gerne länger unten bleiben, oder Sie füttern mit einer Futterschüssel.

Das Liegen

Beschreibung der Übung

Durch Antippen mit der Gerte an einer Bauchseite lässt sich das Pferd in das aufrechte Liegen herunter. Die Beine liegen in der entgegengesetzten Richtung zu der Bauchseite, die touchiert wurde. Alle Beine sind angewinkelt, Kopf und Hals werden aufrecht getragen.

Im Liegen ist ein Pferd in der wehrlosesten Lage. Legt sich ein Pferd auf

Kommando ab, so zeugt das von einem grenzenlosen Vertrauen zum Ausbilder. Ein unsicheres Pferd wird sich niemals freiwillig in diese Lage bringen. Daher ist die gemeinsame Erarbeitung und das Gelingen dieser Lektion ein großer Erfolg.

Lernschritte

Auch hier gibt es wieder zwei Möglichkeiten für die Ausgangsposition. Ent-

Heruntersinken des Körpers…

…und vertrauensvolles Abliegen

weder aus dem Kompliment oder aus dem Knien. Von Anfang an bringen wir das Stimmkommando „Down" zum Einsatz, auch während wir die Vorübungen machen. Als Vorübung lernt das Pferd, den Hals nach einer Seite abzubiegen. Das können wir bereits im Stehen üben. Danach sollten wir aus Sicherheitsgründen wieder auf die Beinlonge zurückgreifen, um mehr Einwirkungsmöglichkeit zu haben. Sie bringen das Pony ins Kompliment oder Knien und lassen es dann den Hals zur entgegengesetzten Seite abbiegen. Das können Sie durch feine Arrets am Zügel und der entsprechenden Unterstützung mit Futter tun. Der Schwerpunkt des Ponys verlagert sich durch das Abbiegen des Halses nun zu seiner äußeren Bauchseite und es lässt sich schon aus Bequemlichkeitsgründen

langsam über die linke Schulter mit dem Brustkorb heruntersinken. Die meisten Ponys nehmen die Hinterhand gleich mit und liegen dann somit auf der linken Seite mit den Beinen nach rechts. Sie sollten am Anfang darauf achten, den Hals weiterhin abgebogen zu lassen und weiter zu füttern. Nach kurzer Zeit fordern Sie das Pony mit dem Kommando „Auf" zum Aufstehen auf. Wichtig ist in diesem Zusammenhang nochmals zu erwähnen, dass das alles ganz langsam vonstatten gehen sollte. Jede Hektik oder schnelles Vorgehen ist kontraproduktiv.

Das Pony lernt auf diese Weise ein entspanntes Ablegen und hat das nötige Vertrauen, auch unten zu bleiben.

Es ist nicht empfehlenswert, das Liegen aus dem Wälzen heraus zu trainieren, da es nie wirklich abrufbar ist.

Das Sitzen

Beschreibung der Übung

Selten sieht man Pferde in einer sitzenden Position. Für unsere Zirzensik wird das Sitzen aus der Liegeposition entwickelt. Diese Stellung dehnt und stärkt Rücken und Hinterhand ganz außerordentlich und ist für unser Pony eine sehr gute Gymnastik. Zudem hat ein sitzendes Pferd eine auf das Publikum ungemein wirksame Ausstrahlung. Wenn wir beobachten,

wie ein Pferd aus dem Liegen aufsteht, können wir bereits das Sitzen erkennen. Es entsteht in der Übergangsphase. Das Pony hat die Hinterbeine unter den Körper gewinkelt und stützt sich mit beiden gestreckten Vorderbeinen ab.

Lernschritte

Die Ausgangsposition ist das aufrechte Liegen. Wir lassen das Pony wiederum

Pony also noch im Liegen lernen, beide Vorderbeine gestreckt zu halten ohne Aufzustehen. Weiteres Touchieren bringt das Pony dazu, sich allmählich abwechselnd hochzustemmen und eine aufrechtere Sitzposition einzunehmen. Füttern Sie immer ein Stückchen höher, so wie sich das Pony höher schiebt.

Um ihm eine Pause zu geben, legen Sie es immer wieder aus dieser Position ins Liegen ab. In der Endphase können Sie dazu übergehen, die Gerte ansteigen zu lassen, um es aus dem Liegen ins Sitzen hochzuleiten. Füttern Sie das Pony beim aufrechten Sitzen in Kopfhöhe, so dass es in dieser Position sitzen bleiben kann. Ganz viel Lob ist jetzt wichtig, um das Pony zu bestärken.

Aus einer anfänglichen tiefen Sitzhaltung ...

seinen Hals zur Gegenseite abbiegen und dabei etwas aufrichten. In dieser Position touchiern wir vorsichtig beide Vorderbeine, um sie zum Strecken zu veranlassen. Schon in dieser Phase bringen wir das Kommando „Sitz" ins Spiel, um dem Pony zu verdeutlichen, dass es sich um eine andere Lektion handelt. Springt das Pony auf, hindern Sie es nicht daran, sondern legen Sie es danach in aller Ruhe wieder ab. Wir müssen diesen Vorgang ebenfalls sehr langsam gestalten, so dass das Pony diese Übung gar nicht mit Aufstehen in Verbindung bringt. Am Anfang wird das

... richtet sich das Pony immer mehr auf.

Der Spanische Schritt

Beschreibung der Übung

Der Spanische Schritt ist eine Hebebewegung der Vorderbeine, die aus dem natürlichen Hengstverhalten abgeleitet ist. Bei dem an der Hand oder vom Sattel aus gezeigten Spanischen Schritt werden im Takt des Schrittes abwechselnd die Vorderbeine möglichst hoch und weit angehoben ohne dabei die Vorwärtsbewegung aufzugeben. Die Schwierigkeit besteht aber vor allem darin, dass die Hinterbeine mittreten müssen, da der gymnastische Wert sonst in Frage gestellt ist. Deshalb sollten die Hinterbeine gut in Richtung Schwerpunkt touchiert werden. Nur wenn der Takt des Schrittes erhalten bleibt, ist die Übung für das Pony nützlich.

Lernschritte

Es gibt zwei Möglichkeiten für den Beginn des Spanischen Schritts. Bei der ersten Variante steht der Ausbilder *vor* dem Pony und touchiert die Vorderbeine, bei der zweiten Möglichkeit steht er *seitlich* vom Pony. Welche Variante man wählt, hängt eigentlich nur vom jeweiligen Pony ab. Bei einem gefestigten Spanischen Schritt sollte es möglich sein, auf jeder Seite, von vorne oder auch von hinten, die Reaktionen auszulösen. Am Anfang

Führposition von vorne, indem der Ausbilder rückwärts läuft

Einfaches Erreichen der Vorderbeine

Führposition an der Seite

haben die meisten Ponys aber Schwierigkeiten, die Beine zu heben und dabei weiterzulaufen. Selten liegt es daran, dass das Vorderbein nicht genügend angehoben werden kann, sondern diese Aktion in Verbindung mit dem Untertreten der Hinterhand und im Takt des Schrittes zu zeigen. Geht der Ausbilder nun *rückwärts* vor dem Pony her, versteht es leichter, dass es sich dabei *vorwärts* bewegen soll. Im Stehen werden nur die ersten Touchierversuche gemacht. Sobald das Pony auf Berührung der Gerte und einem Zungenschnalzen das jeweilige Bein hebt oder auch nur bewegt, wird sofort gelobt und es bekommt Futter. Von Anfang an sollte man beide Beine abwechselnd touchieren, wobei es normal

ist, dass bei einem Bein ein vorläufig besseres Ergebnis erzielt wird. Kann man im Stehen relativ leicht eine Vorwärts-Aufwärts-Bewegung abrufen, geht man dazu über, das im Schritt zu versuchen. Geht man vor dem Pony her, ist es erheblich leichter, beide Vorderbeine gleichmäßig zu erreichen. Bei der Position auf der Seite muss man sich als Erwachsener bei einem Mini ganz schön nach unten beugen und quasi um das Pony herum, um den äußeren Vorderfuß zu touchieren. Das führt oftmals zu Stockungen im Bewegungsablauf, da Kopf und Hals des Ponys „im Weg" sind. Bei Großpferden besteht dieses Problem ja kaum.

Ich selbst wähle deshalb meistens die erste Variante, und zwar so lange, bis das

Pony wenigstens die Polka kann. Die Polka ist das Heben der Beine bei jedem dritten Schritt. Gleich mit dem Spanischen Schritt anzufangen ist für die meisten Ponys ein Gleichgewichtsproblem. Daher bietet sich die Polka als leichtere Möglichkeit an, bis das Gleichgewicht besser gesichert ist und der Bewegungsablauf in Fleisch und Blut übergegangen ist.

Wählt man doch die seitliche Position, so sollte ein Helfer hinter dem Pony gehen und die Vorwärtsbewegung im Schritt sichern.

Hat das Pony den Zusammenhang zwischen Gerten- und Stimmhilfe verstanden, kommt als letztes die Zügelhilfe dazu. Das ist notwendig, um später den Spanischen Schritt auch am langen Zügel zeigen zu können. Die Hilfengebung bleibt dieselbe wie bisher, nur dass gleichzeitig zu Gerten- und Stimmhilfe ein leichter Ârret (kurze leichte Aufwärts-Parade) am Zügel der Seite, an der man das Bein touchiert, gegeben wird. Auch für den Ausbilder gilt es, in einem Moment viele Dinge gleichzeitig zu tun – Bein an der richtigen Stelle touchieren, den richtigen Schnalzlaut im selben Moment und noch ein Zügelanzug an der jeweiligen Seite geben. Das benötigt einige Übung, um diese Hilfen richtig zu koordinieren. Deshalb nicht verzweifeln, wenn es nicht sofort klappt. Ein guter Spanischer Schritt braucht mindestens ein Jahr, aber meistens eher zwei

Ausdrucksvoller Spanischer Schritt am Langen Zügel

Jahre, bis er richtig ausgereift und auch überall abrufbar ist. Unter dem Sattel ist es noch schwieriger, da das Pferd oder Pony dann auch noch mit dem Reitergewicht klarkommen muss. Viele Ponys lieben den Spanischen Schritt, besonders Hengste. Man muss jedoch aufpassen, dass das Pony ihn nicht bei jeder passenden oder unpassenden Gelegenheit anbietet. Darum soll er vornehmlich auf das Schnalzzeichen und die Zügelhilfen ausgeführt werden. Wenn Sie beim Putzen vor dem Pony stehen und ihre harmlose Armbewegung als Signal für den Spanischen Schritt aufgefasst wird, findet man sich unversehens mit einem Ponyhuf im Bauch. Das ist nicht erstrebenswert, genausowenig wie das oft gesehene „Scharren" mit den Vorderhufen, um einen Leckerbissen zu ergattern. Deshalb: Klare Kommandos und klare Körpersprache, damit es keine Verwechslungen gibt.

Das Steigen

Beschreibung der Übung

Auch das Steigen ist aus dem natürlichen Hengstverhalten abgeleitet und ist dort ein Zeichen von Aggression. In der Ausbildung zum Steigen sollte das Pony deshalb vorher alle „Down"-Lektionen beherrschen und bereits grenzenloses Vertrauen zum Ausbilder haben. Dann wird auch diese Lektion „spielerisch" und nicht aggressiv gelingen und ist zudem noch sehr spektakulär und publikumswirksam. Wird ein Pony hauptsächlich von Kindern gearbeitet und betreut, muss man sich gut überlegen, es zum Steigen auszubilden. Es kommt sehr leicht vor, dass das Pony ein unbewusstes und unüberlegtes Fuchteln mit den Armen als Kommando zum Steigen missversteht. Da die Kopfhöhe eines Kindes etwa mit

den erhobenen Vorderbeinen eines steigenden Ponys auf gleicher Höhe liegt, kann das sehr gefährlich werden. Daher ist bei dieser Lektion Vorsicht geboten!

Beim Steigen erhebt sich das Pony mit beiden Vorderbeinen und balanciert den ganzen Körper nur mit den Hinterbeinen aus. Die Vorderbeine können dabei gestreckt oder angewinkelt sein. Je aufgerichteter das Pony steht, desto besser kann es oben bleiben.

Lernschritte

Diesmal benötigen wir zwei Gerten und zwei Helfer. Das Pony sollte von zwei Helfern mit Longen links und rechts am Halfter gerade gehalten werden. Durch Touchieren beider Vorderbeine von vorne, etwa in Höhe des Ellbogens und dem

Mit einem Helfer und Beinlonge

Steigen mit durchhängender Beinlonge

Sehr schönes Steigen durch Touchieren mit zwei Gerten

Kommando „Hoch", werden – anstatt wie beim Spanischen Schritt nur ein Bein – beide Beine gleichzeitig gehoben. Bis das Pony den Zusammenhang begriffen hat, dass es nun beide Beine zusammen vom Boden erheben soll, kommen anfangs meist nur kleine Hüpfer zustande. Es ist auch völlig normal, dass die Vorderbeine noch nach unten hängen. Bei einem perfekten Steigen werden die Vorderbeine erhoben und an den Körper gewinkelt beziehungsweise bei der gestreckten Pesade nach vorne oben gestreckt. Sobald das Pony begriffen hat, dass es sich nach oben erheben soll, können die Helfer in den Hintergrund treten und nur noch eingreifen, wenn das Pony schief wird.

Bei der zweiten Möglichkeit, das Steigen beizubringen, legen Sie eine Beinlonge um das Vorderbein, lassen das Bein mit der Longe und touchieren dann nur das Stützbein. Da ein Bein bereits in der Luft ist, fällt manchen Ponys die Erkenntnis leichter, das andere Bein nun ebenfalls abheben zu lassen. Zudem hat es mit dem Bein in der Longe noch eine gewisse Stütze, die ihm die Hebung erleichtert. Auch hierbei sollte ein Helfer das Pony geradehalten.

Den meisten Ponys fällt diese Übung nicht sonderlich schwer und sie begünstigt das Gleichgewicht, die Geschicklichkeit und die Kraftentfaltung der Hinterhand.

Das Podest

Beschreibung der Übung

Kleine Ponys lieben es, auf ein Podest zu klettern und stolz wie ein Spanier von oben herunterzuschauen. Je nachdem, was man als Podest benutzt, steht das Pony mit den Vorderbeinen auf der Erhöhung und mit den Hinterbeinen noch am Boden oder aber das Pony klettert ganz auf das Podest. Mit dem Kommando „Podest" und dem Antippen des Podestes mit der Gerte wird das Pony veranlasst, mit den Vorderbeinen oder ganz hinaufzuspringen.

Heranführen an das Podest

Aufspringen mit den Vorderbeinen

Nun ist er fast so groß wie ich

Lernschritte

Fangen Sie mit einem ganz niedrigen Podest an. Wichtig in diesem Zusammenhang ist, dass dieses nicht kippt oder sich bewegt, um dem Pony eine sichere Standfläche zu bieten. Führen Sie das Pony an das Podest heran und stellen Sie einen Fuß darauf. Gleichzeitig tippen Sie auf die Fläche des Podestes und wiederholen das Kommando „Podest". Wenn das Pony das eine Bein oben lässt, stellen Sie zusätzlich auch das andere Bein hoch. Bleibt das Pony oben, dann sparen Sie nicht mit Lob, auch wenn es danach gleich wieder absteigt. Verlängern Sie dann langsam die Reprisen und füttern Sie nur solange das Pony oben stehen bleibt. Schon nach kurzer Zeit wird das Pony begeistert auf sein Podest klettern und seine Belohnung erwarten. Nun können Sie die Höhe des Podestes variieren. Es gibt mittlerweile im Handel spezielle Podeste aus Stahl mit Holzplatten. Wenn Sie handwerklich geschickt sind, können Sie selbst eines nachbauen. Kabeltrommeln aus Holz haben sich auch gut bewährt und sind meist kostenlos zu bekommen. Sie sind stabil und groß genug, dass auch das ganze Pony draufpasst.

Für Vorführungen kann man sie mit Stoff verkleiden, dann sind sie durchaus salonfähig.

Zirzensische Lektionen wie das Liegen und Sitzen sind hervorragende Übungen, um bestimmte Muskelgruppen zu trainieren. Bei dem unten gezeigten Bewegungsablauf vom Sitzen zum

Aufstehen aus dem Sitzen ist wirklich Muskelarbeit.

Ponys lieben das!

Wie Lancelot die Zirkuslektionen lernte

Mit Lancelot begann ich die Zirkuslektionen, um ihn an Tagen, an denen er nicht dressurmäßig gearbeitet wurde, sinnvoll zu beschäftigen. Da er alles ziemlich leicht und schnell lernte, waren wir schon bald mit allen Lektionen durch. Durch seine schnelle Auffassungsgabe hatte ich mit ihm manchmal das Problem, dass er mir zuvorkam und viel schneller war als ich. Das hat sich vor allem beim Kompliment gezeigt, das mit Lancelot bis heute noch am schwierigsten auszuführen ist. Ich hatte damals den Fehler begangen, das Liegen, das er anbot, zu schnell anzunehmen, bevor er das Kompliment richtig beherrschte. Aus diesem Fehler habe ich später bei anderen Pferden gelernt, nicht immer gleich alles, was das Pony anbietet, auch sofort auszuführen. Es gab auch schon Zeiten, wo er bestimmte zirzensische Lektionen nicht gerne gemacht hat und ich habe es dann einfach eine Weile ganz weggelassen. Nach einer längeren Pause ist er dann wieder mit Feuereifer dabei. Zuviele Wiederholungen mag er nicht und es ist besser, immer wieder abzuwechseln. Wenn Lancelot etwas Neues lernt, kann man an seinem Gesichtsausdruck förmlich sehen, wie es im Gehirn arbeitet.

Aufstehen sieht man deutlich, wie der Rücken aufgewölbt wird und dass es für das Pony auch mit erheblichem Kraftaufwand aus der Hinterhand verbunden ist. Die Rückenmuskeln werden besonders im Sitzen stark gedehnt und somit auch gekräftigt. Daher sollte man speziell am Anfang nicht zu viel verlangen und die Übung nicht übertreiben.

Durch sinnvolle Wiederholungen ist der Ablauf vom Sitzen bis zum Aufstehen jedoch ein sehr gutes Mittel zum Bodybuilding.

>>>
Dressurlektionen

Das Einmaleins der Ausbildung

Die klassischen Dressurlektionen, so wie sie in der regulären Ausbildung eines Dressurpferdes erarbeitet werden, sind für uns in der Ponyausbildung ebenso von maßgeblicher Bedeutung. Sie sind das *Arbeitsgerüst* für uns. Durch die systematische *Gymnastizierung* bringen wir das Pony ins Gleichgewicht und vermehrt auf die Hinterhand. Das ist die Voraussetzung für die spätere Hohe Schule. Seitengänge und Galopparbeit sind das kleine Einmaleins des Pferdes. Durch diese Lektionen, von der einfachen Zirkelarbeit bis zu allen Seitengängen, wird unser Pony durchlässig, die Muskulatur entwickelt sich und bringt es überhaupt erst einmal in die Verfassung, um schwierigere Lektionen ausführen zu können. Die klassischen Lektionen sind der rote Faden in der Dressurausbildung.

Stellung und Biegung

Zu den Seitengängen, die mit unserem Pony erarbeitet werden können, zählen das Übertretenlassen an der Hand, das Schenkelweichen, Schulterherein, Travers, Renvers und die Traversalverschiebungen. Das Übertretenlassen ist die erste Bekanntschaft mit einer Vorwärts-Seitwärts-Bewegung, genauso wie das Schenkelweichen. Das Pony muss sich noch nicht biegen und lernt aber trotzdem, die Beine vorwärts-seitwärts zu kreuzen, zu balancieren und im Genick nachzugeben. Stellung und Biegung spielen bei allen weiteren Seitengängen eine Rolle. Ohne Stellung und Biegung ist keine korrekte Versammlung möglich.

Schenkelweichen

Beschreibung Beim Schenkelweichen ist das Pony im Körper gerade und nur leicht entgegen der Bewegunsrichtung gestellt. Es tritt gleichmäßig vorwärts-seitwärts über in einem Winkel zur Bande von maximal 45 Grad.

Zweck Das Schenkelweichen ist der Einstieg in die Seitengänge. Es dient dazu, das Pony daran zu gewöhnen einer seitwärts-treibenden Hilfe zu folgen. Beim Reiten eben dem Schenkel, an der Hand der Gerte. Es ist außerdem eine

Schenkelweichen mit dem Kopf zur Bande. Die Nase müsste noch etwas vor.

gymnastizierende Übung, die die Balance verbessert. Das Pony lernt durch diese Übung, sein Gleichgewicht zu finden.

Ausführung Das Pony wird am besten an einer Bande, so dass es sich leichter orientieren kann, mit der Gerte an den äußeren Zügel herangetrieben. Durch das Treiben mit der Gerte an der Gurtlage und das Stehenlassen des äußeren Zügels kann der Führer die Abstellung zur Bande bestimmen. Wichtig ist das gleichmäßige Übertreten und Balancieren.

Auftretende Fehler Der hauptsächliche Fehler ist, wenn lediglich der Hals zur Seite gebogen wird und das Pony im Körper geradeaus weiterläuft. In diesem Falle ist es von den Leinen oder Zügeln nicht genügend eingerahmt und hat die Hilfen noch nicht verstanden.

Schenkelweichen von oben gesehen

Schulterherein

Beschreibung Seitliche Abstellung der Vorhand in die Bahnmitte. Die Vorderbeine kreuzen, die Hinterbeine nicht, Stellung gegen die Bewegungsrichtung. Gleichmäßige Biegung vom Genick bis zum Schweif. Kann auf drei oder vier Hufschlägen gezeigt werden.

Biegung entgegen der Bewegungsrichtung

Zweck Das Schulterherein ist die Mutterlektion aller Seitengänge. Der Sinn dieser Lektion ist, durch die seitliche Abstellung und Biegung das jeweilige innere Hinterbein zu veranlassen, vermehrt Last aufzunehmen. Dadurch wird es entsprechend mehr gekräftigt als auf gerader Linie. Das Pony lernt, mit dem inneren Hinterbein in Richtung Schwerpunkt zu fußen und sich zu tragen, die Längsbiegung und der Schwung werden gefördert, die Schulterfreiheit verbessert.

Ausführung Die Vorhand wird mit dem äußeren Zügel vom Hufschlag weg-

Schulterherein auf vier Hufschlägen

geführt und die Stellung durch einen vibrierenden inneren Zügel gehalten, auf den sich das Pony nicht legen darf. Der innere Zügel sorgt generell für die Stellung und man muss immer darauf achten, so schnell wie möglich zum Nachgeben zu kommen. Die Innenstellung muss erhalten bleiben und die Hinterhand darf nicht nach außen ausfallen, da sonst die Biegung nicht gewährleistet ist. Mit der Gerte wird das innere Hinterbein in Richtung Schwerpunkt touchiert und zwar idealerweise beim Abfußen des Beines. Driftet das Pony mit der Hinterhand nach außen, kann auch außen mit der Gerte touchiert werden. Bei dem schnellen Bewegungsablauf eines Mini-Ponys erfordert das die volle Konzentration! Am Anfang sollte man eine Bande haben, um ein Schwanken und Ausweichen zu vermindern.

Auftretende Fehler Keine Biegung, keine Stellung, inneres Hinterbein tritt am Schwerpunkt vorbei, Pony nimmt keine Last auf.

Travers

Beschreibung Seitliche Abstellung der Hinterhand in die Bahnmitte. Die Hinterbeine kreuzen, die Vorderbeine nicht. Stellung in Bewegungsrichtung. Gleichmäßige Biegung vom Genick bis zum Schweif. Kann auf drei oder vier Hufschlägen gezeigt werden.

Zweck Vorbereitung für Traversalen, Verbesserung der Biegung und des Gleichgewichts, Vervollkommnung der Gymnastizierung des Schulterherein durch vermehrte Biegung.

Ausführung Die Travers-Stellung erarbeitet man vor den Traversalen. Es ist für das Pony leichter, an den langen Seiten an der Bande, in Bewegungsrichtung gestellt und gebogen zu gehen. Der Ausbilder geht an der jeweiligen Außenseite zum Pony und hält durch seinen Körper die Hinterhand nach innen. Um Stellung und Biegung zu erhalten ist es sinnvoll, in

Biegung in Bewegungsrichtung

Etwas zu viel Abstellung zur Bande

der Ecke eine Volte anzulegen und daraus in den Travers überzugehen. Geht die Biegung zwischendurch verloren, kann man immer wieder zur Volte zurückkehren. Verlangen Sie am Anfang wirklich nur sehr wenig Abstellung zur Bande. Umso leichter lernt das Pony, seinen Körper in Bewegungsrichtung zu biegen. Der innere Zügel darf das Pony nicht festhalten, da sonst das innere Hinterbein nicht genügend untertreten kann.

Auftretende Fehler Zuviel Abstellung zur Bande ohne Biegung, Konter-Stellung, Taktverlust.

Traversalen

Traversalverschiebung durch die Bahn

Beschreibung Verschiebung in Traversstellung diagonal durch die Bahn. Es gibt halbe, ganze, doppelte halbe und Zick-Zack-Traversalen. Gleichmäßige Biegung vom Genick bis zum Schweif.

Zweck Wie Travers, Überprüfung des korrekten, an den Hilfen stehende Pony im absoluten Gleichgewicht, da keine Anlehnung an die Bande möglich ist, Überprüfung und Kontrolle der gleichmäßigen Geschmeidigkeit.

Ausführung Nachdem das Pony die Travers-Stellung verstanden hat, können auch Traversalverschiebungen geübt werden, die im Grunde Travers auf der Diagonalen sind. Das Pony muss am Anfang nicht so stark gebogen und gestellt sein, um den flüssigen Bewegungsablauf nicht zu stören. Jede Traversale wird aus dem Schulterherein eingeleitet, damit die Vorhand immer ein wenig der Hinterhand vorausgeht.

Auftretende Fehler Ungenügende Stellung und Biegung, Hinterhand voraus, nicht im Takt, verwirft sich.

Halten

Halten mit heranschließender Hinterhand.

Beschreibung Das Durchparieren zum Halten ist eine ganze Parade. Das Pony soll harmonisch aus dem Schritt, Trab oder Galopp durch Lastaufnahme der Hinterhand zum Halten kommen und geschlossen und ruhig stehen.

Zweck Erhöhung des Versammlungsgrades, Überprüfung der Durchlässigkeit.

Ausführung Durch Herantreiben der Hinterhand und Vorbereitung durch halbe Paraden kommt das Pony geschmeidig zum Halten. Achten Sie darauf, dass die Hinterbeine unter den Körper treten und nebeneinander geschlossen stehen. Das ist eine Frage des konsequenten Trainings. Durch häufige halbe Paraden innerhalb der Gangart wird das Halten vorbereitet, da das Pony sich hierbei schon in der Hinterhand senken muss. Es muss oft geübt werden, bis es gut klappt und die Durchlässigkeit verbessert wird.

Auftretende Fehler Kommt auf die Hand, ungenügendes Heranschließen, wird schief, steht nicht geschlossen, tritt zurück, bleibt nicht stehen.

Rückwärtsrichten

Beschreibung Aus dem Halten tritt das Pony in diagonaler Fußfolge eine bestimmte Trittzahl oder Strecke (Pferdelänge) zurück und kommt danach entweder zum Halten oder zum Schritt, Trab oder Galopp. Das Rückwärtsrichten muss flüssig, ohne Widerstand, gerade und diagonal sein.

Zweck Erhöhung des Versammlungsgrades, Überprüfung der Durchlässigkeit.

Ausführung Durch Herantreiben der Hinterhand und Vorbereitung durch halbe Paraden kommt das Pony geschmeidig zum Halten. Achten Sie darauf, dass die Hinterbeine unter den Körper treten und nebeneinander geschlossen stehen. Dann treiben Sie das Pony mit Gerte und Stimmhilfen an die stehende Hand heran. Da der Vorwärtsimpuls von der Hand nicht herausgelassen wird, tritt das Pony zurück. In diesem Moment gibt die Hand nach und treibt dann wieder heran. Durch dieses Annehmen und wieder Herauslassen der Tritte kommt ein flüssiges Rückwärtsrichten zustande. Mit dem oft gesehenen Rückwärtsziehen hat das nichts zu tun. Das Pony muss aufgrund der treibenden Hilfe rückwärtstreten, denn nur dann nimmt die Hinterhand Last auf.

Auftretende Fehler Tritt nicht rückwärts, drückt den Rücken weg, es wird schief, es eilt oder kriecht rückwärts, die Fußfolge ist nicht diagonal.

Gerades, diagonales und durchlässiges Rückwärtsrichten

Einfacher Galoppwechsel

Beschreibung Übergang vom Galopp zum Schritt und daraus auf der anderen Hand nach drei bis vier Schritten wieder angaloppieren.

Zweck Einfache Galoppwechsel und häufiges Angaloppieren aus dem Schritt verbessern die Versammlung und Hankenbeugung. Sie sind notwendige und wichtige Vorübungen für den fliegenden Wechsel und schaffen die benötigte Durchlässigkeit dafür. Zudem ist diese Lektion ausgezeichnet zur Kräftigung der Hinterhand geeignet. Galoppsprünge nach einer bestimmten Anzahl und darauffolgendem einfachem Wechsel bereiten auch auf fliegende Tempi-Wechsel vor.

Ausführung Je weniger Handeinwirkung dazu notwendig ist, desto flüssiger und geschmeidiger wird der Wechsel gelingen. Ziel ist es, ohne viel Aufwand vom Galopp zum Schritt durchzuparieren und daraus wieder anzugaloppieren. Das innere Hinterbein sollte möglichst weit in Richtung Schwerpunkt vorspringen, was durch Touchieren in Sprunggelenkshöhe erreicht wird. Dadurch lernt das Pony, Gewicht auf die Hinterhand aufzunehmen. Das Vortreiben muss immer im Vordergrund stehen, vor allem auch beim Übergang zum Schritt. Jede Parade muss vorwiegend von hinten nach vorne ent-

Gut durchgesprungener Linksgalopp

Parade zum verkürzten Schritt

Angaloppieren im Rechtsgalopp

wickelt werden. Gerade von unten wird das gerne nicht beachtet und hat negative Folgen. Sofort nach dem Übergang zum Schritt wird mit der Hand weich nachgegeben, damit der Schritt locker und taktrein ausgeführt wird.

Auftretende Fehler Parade mit zuviel Handeinwirkung und zuwenig vortreibenden Hilfen, dadurch kommt das Pony auf die Vorhand und wird „gebremst" anstatt pariert. Auslaufende oder stockende Übergänge.

Außengalopp

Beschreibung Das Pony galoppiert auf der rechten Hand im Linksgalopp und auf der linken Hand im Rechtsgalopp. Der Außengalopp muss geradegerichtet und schwungvoll durchgesprungen sein, auch in Wendungen und auf dem Zirkel.

Zweck Der Außengalopp ist ein wichtiges Element für die Verbesserung des Galoppsprunges, vermehrte Hankenbeugung und generelles Ausbalancieren im Galopp.

Ausführung Für ungeübte Führer ist er nicht einfach zu erarbeiten. Daher sind zur Vorbereitung die Schritt – Galopp – Schritt-Übergänge extrem wichtig. Der Galopp als solches ist für ein Shetty oder Minipony meist die schwierigste Gangart. Wenn Galopplektionen erlernt werden sollen, so ist es nötig, dass das Pony sein Gewicht auf die Hinterhand verlagert und bergauf galoppiert. Das geht erst dann, wenn genügend Kraft dafür vorhanden ist. Diese Kraft kann ein Pony nur nach und nach durch spezielle Übungen ent-

Linksgalopp auf der rechten Hand

Außengalopp in guter Balance

wickeln, wozu wir hier den Außengalopp als sehr wichtiges Element ansehen müssen. Im Außengalopp (den man am Anfang vorzugsweise an einer Bande ausführt) muss das Pony sich mehr ausbalancieren und auf gebogenen Linien das jeweilige innere Hinterbein mehr belasten als im Handgalopp. Dadurch wird es trainiert und gekräftigt. Auf beiden Händen gleichmäßig ausgeführt, dient der Außengalopp ebenso der Geraderichtung. Ich empfehle alle Galopplektionen anfangs an der Doppellonge zu üben, damit man die äußere Seite des Ponys besser unter Kontrolle hat. Die äußere Longe tiefgeschnallt, verhindert ein Ausfallen der Hinterhand.

Auftretende Fehler Schiefwerden, indem die Hinterhand traversartig hereinkommt, Verwerfen im Genick, kein klarer Dreitakt mehr sondern ein „Hoppelgalopp" im Viertakt durch zu viel Handeinwirkung.

Fliegende Galoppwechsel

Beschreibung Wechsel der Hand ohne durchzuparieren im Moment der Schwebephase des Galoppsprunges.

Zweck Beim Parcoursspringen flüssiger Wechsel von einer Hand auf die andere, um Zeit zu sparen, bei der Dressur Überprüfung der Durchlässigkeit und der Balance.

Ausführung Fliegende Wechsel am langen Zügel oder an der Doppellonge vorzuführen, gehört mit zu den schwierigsten Lektionen, besonders Wechsel nach einer bestimmten Sprungzahl. Beherrscht ein Pony diese Lektionen und der Ausbilder ist hinreichend geschickt in der Ausführung, ist das etwas ganz Besonderes, das sicherlich nicht oft gesehen werden kann.

Die Voraussetzung ist eine gute Versammlung mit einem bergauf geprungenen Galopp. Das Pony muss bereits die Kraft haben, auch über längere Strecken wirklich auf der Hinterhand zu galoppieren, ohne den sicheren Dreitakt zu verlieren. Auch hier ist es notwenig, immer wieder die Übergänge vom und zum Schritt zu üben. Das ist eine sehr wertvolle Übung, um stets den Galopp zu verbessern und das Pony dazu zu bringen, mit dem inneren Hinterbein möglichst weit in Richtung Schwerpunkt vorzuspringen.

Beherrscht das Pony die Zick-Zack-Traversalen im Galopp, so können Sie auch diese mit immer weniger seitlichem Bodengewinn arbeiten, bis die bloße Umstellung zum Wechsel genügt. Eine andere Variante ist, auf dem Zirkel den Wechsel aus dem Außengalopp zu versuchen, durch Touchieren des neuen inneren Hinterbeines.

Ich rate davon ab, einem Pony frühzeitig einfach nur das „Umspringen" bei-

Fliegender Wechsel an der Doppellonge

zubringen. Der sicherere Weg ist, über die Versammlung die Tragkraft zu fördern und die Wechsel auf der Hinterhand zu trainieren. Andernfalls schleichen sich leicht Fehler wie Schiefe oder Nachspringen ein, die kaum oder nur sehr schwer von unten zu korrigieren sind.

Die Vorbereitung des fliegenden Wechsels beginnt mit vermehrter Versammlung, der Stimm- und Gertenhilfe sowie dem Herauslassen des neuen Galoppsprunges. Man tut sich leichter beim Erlernen des Wechsels an einer Bande zu arbeiten, da dort das Geraderichten leichter fällt. Das Pony hat dadurch eine bessere Führung.

Anfangs sollte man nach jedem gelungenen Wechsel durchparieren und das Pony loben. Am wichtigsten ist es, keine Hektik aufkommen zu lassen und auch keinesfalls zu strafen, sollte es nicht sofort klappen. Hat ein Pony erst einmal gelernt sich zu spannen und ängstlich auf die Hilfe zu reagieren, weil es eine Strafe erwartet, ist es extrem schwer, dieses wieder zu korrigieren. Treten Probleme auf, sollte man wieder einen Schritt zurückgehen und Außengalopp und Übergänge üben. Ebenso sind viele einfache Wechsel ein probates Mittel.

Auftretende Fehler Schiefwerden, Nachspringen, Kreuzgalopp, kurzes Springen des inneren Hinterbeines, Wechsel mit hoher Kruppe.

Pirouetten

Beschreibung Es gibt Pirouetten im Schritt und im Galopp und in der Ausführung als halbe, ganze oder doppelte Pirouetten. Dabei beschreibt die Vorhand einen größeren Kreis und wird um die Hinterhand herumgeführt.

Zweck Höchster Versammlungsgrad

Ausführung Das Pony beschreibt im Dreitakt des Galoppsprunges mit der Vorhand einen Kreis um die Hinterhand herum. Das Pony soll gebogen und gestellt in Bewegungsrichtung ohne Taktverlust bergauf galoppieren. Nach der jeweiligen Pirouette muss es sich flüssig wieder geradeaus führen lassen. Diese Lektionen erarbeitet man mit dem Pony an der Doppellonge, um die Hinterhand gut in der Spur zu halten. Achten Sie im Galopp darauf, dass bei Taktproblemen sofort aus der Pirouette heraus wieder mehr vorwärts galoppiert wird. Bereiten Sie die Lektion durch häufige Übergänge von Schritt – Galopp – Schritt in der Traversstellung vor. Ebenso möglich ist das allmähliche Verkleinern des Zirkels im Travers bis zur Pirouette. Das funktioniert auch im Schritt sehr gut.

Auftretende Fehler Verlust des Taktes, zuwenig Biegung und Stellung, wirft sich herum, klebt mit den Hinterbeinen am Boden, dreht mit dem inneren Hinterbein, fällt aus.

Pirouetten müssen so groß angelegt werden...

...dass der Takt nicht darunter leidet...

...und das Pony gut durchspringen kann.

Piaffe

Piaffe mit federleichter Anlehnung

Beschreibung Trabartige Bewegung im Zweitakt auf der Stelle oder mit geringer Vorwärtstendenz. Das Pony soll hinten tiefer werden und entsprechende Hankenbeugung zeigen.

Zweck Höchster Versammlungsgrad

Ausführung Das Pony kann aus dem Rückwärtsrichten, dem Halten oder dem versammelten Schritt vorwärts in die Piaffe geführt oder aus der Passage zurückgeführt werden. Sie wird auch bei Reitpferden meist an der Hand ohne Reitergewicht entwickelt. Die Piaffe kann bei exakter Ausführung auch als Piaff-Pirouette gezeigt werden, bei der das Pony in sich ganz gerade bleibt, aber mit der Vorhand um die Hinterhand herum piaffiert.

Eine ausführliche Beschreibung des Touchierens finden Sie auf S. 124.

Auftretende Fehler Taktverlust, Rückwärtstendenz, Beine kleben am Boden, zu wenig Schwung, Pony wird dabei schief, tritt vorne oder hinten ungleich, nimmt keine Last auf.

Passage

Beschreibung Trag- und Schubkraft werden hier beiderseits gefordert, um den kadenzierten Trab mit einem kurzen Moment des Aushaltens in der Schwebe gehen zu können. Einem Pony, das piaffieren und auch schwungvoll vorwärts gehen kann, sollte das nicht allzu schwer fallen.

Zweck Höchster Versammlungsgrad

Ausführung Der einfachste Weg, einem Pony an der Hand die Passage beizubringen, ist mit der gleichen Vorgehensweise wie beim Spanischen Schritt. Das, was Sie bereits im Schritt für den Spanischen Schritt gemacht haben, tun Sie jetzt in derselben Weise im Trab.

Lancelot und die Dressur

Ich bin immer wieder erstaunt, wie dieser kleine Mann ganz groß wird, wenn er Passage oder Galopp-Pirouetten geht, die manches Großpferd nicht so gut hinbekommt. Durch seine Beweglichkeit und den überaus korrekten Körperbau ist es ihm möglich, sämtliche Dressurlektionen zu zeigen. Natürlich ist es viel schwieriger, diese Lektionen am Langen Zügel auszuführen als unter dem Sattel mit einem Reitpferd. Man muss ja immer bedenken, dass eine Einwirkung mit Gewicht und Schenkel nicht möglich ist. Umso mehr ist die Fachwelt über ihn erstaunt, wenn er zusammen mit Grand Prix-Dressurpferden so schwierige Lektionen zeigt. Ich lege bei Lancelot die gleichen Maßstäbe an wie bei unseren Warmblütern oder Barockpferden, was die Ausführung der Lektionen angeht. Als Vorbereitung für schwierige Lektionen ist auch hier die korrekte Dehnungshaltung vorwärts-abwärts zu nennen. Es ist zwar auf Shows aus Platzgründen nicht immer möglich, eine ausgedehnte Lösungsphase einzubauen, aber zu Hause mache ich das immer. Da Lancelot eine sehr gute Kondition hat, ist es auch kein Problem, ihn ausgiebig zu lösen, weil er trotzdem immer genug Kraft für die Arbeitsphase hat.

Bei der klassischen Dressur wird die Passage reiterlich entweder aus der Piaffe nach vorne entwickelt oder aus der Trabverstärkung zurückgeführt. Es ist bei korrekter Ausführung aber kein Unterschied erkennbar, wenn die Passage aus dem Spanischen Schritt entwickelt wird. Pferde oder Ponys, die von Natur aus wenig Kadenz haben, lernen sie so sogar viel einfacher.

Auftretende Fehler Pony drückt den Rücken weg und überzäumt sich, die Hinterbeine fußen nicht energisch ab, es schwingt nicht im Rücken, es fällt aus, nimmt keine Last auf.

Gut durch den Körper schwingende Passage

Levade

Beschreibung Die Levade ist die folgerichtige Weiterentwicklung der Piaffe. Bei allen vorigen Lektionen brachte das Pony sein Gewicht vermehrt auf die Hinterhand. Nun trägt die Hinterhand alleine das Gewicht und balanciert sich auf zwei Beinen aus. Eine Levade kann leicht in eine Pesade übergehen, wenn der Winkel zum Boden mehr als 45 Grad ist. Bei der gestreckten Pesade werden zusätzlich die Vorderbeine gestreckt. Die Levade ist die letzte der Übungen der Hohen Schule, bevor die Schulen über der Erde beginnen.

Zweck Höchster Versammlungsgrad und gleichzeitige Beweglichkeit

Ausführung Aus der Piaffe heraus wird das Pony an den Hinterbeinen weit unter den Schwerpunkt touchiert und am Kappzaum entsprechend abgefangen. Dadurch kommen die Hinterbeine extrem unter den Körper und die Vorhand ist in der Lage, sich zu erheben. Am Anfang genügt ein kurzer Moment. Wenn das Pony darin mehr gekräftigt ist, kann es länger balancieren und oben bleiben. Eine Levade ist viel anstrengender als z. B. das Steigen, weil es eine extreme Hankenbeugung fordert.

Auftretende Fehler Spannung, Wegdrücken des Rückens, Zurückkriechen, Balanceschwierigkeiten.

Vermehrtes Herantreiben der Hinterhand ...

... Heben der Vorhand in die Levade ...

... Übergang in die Pesade

Fahren

Beliebte Abwechslung

Mit Shettys und Mini-Ponys zu fahren wird bei Erwachsenen und Kindern zunehmend beliebter. Was für eine Freude ist es, sein Pony einzuspannen und ins Gelände oder zu einem Ausflug zu fahren. Es gibt auch immer mehr Menschen, die sich auf diese Weise mit ihren Ponys sportlich betätigen möchten und sogar auf Turnieren in Dressur-, Hindernis- und Geländeprüfungen erfolgreich starten.

Versammelter Galopp am Sulky

Es ist auch für den kleinen Geldbeutel noch erschwinglich, sich für ein Pony Geschirr und einen Sulky zu kaufen. Für mehrspänniges Fahren braucht man dann eine zweiachsige Kutsche.

Vielleicht können Sie sich gar nicht vorstellen, was man mit einem Pony und einem Sulky alles machen kann. Viele der Lektionen, die normalerweise unter dem Reiter gezeigt werden, sind am Sulky sehr gut möglich. Der Fahrer sollte im Idealfall ein Fahrabzeichen haben oder zumindest einen Fahrlehrer, der ihm die Grundbegriffe des Fahrens beibringt. Selbst wenn man nicht turniermäßig fährt, hat es noch niemandem geschadet, das korrekte Fahren nach Achenbach zu lernen. Das wird zuerst am Fahrlehrgerät geübt, um das Pferd zu schonen.

Sollte ihr Pony nicht eingefahren sein, dann rate ich Ihnen dringend, dies von einem Fachmann machen zu lassen. Die Investition lohnt sich in jedem Falle.

Es würde den Rahmen dieses Buches sprengen, darauf näher einzugehen, deshalb beschränke ich mich darauf, Ihnen Möglichkeiten aufzuzeigen, was beim Fahren mit Ponys außerhalb des Üblichen gemacht werden kann, um das Training abwechslungsreich zu gestalten.

Ausrüstung

Das Einspännergeschirr für Shettys oder Minis muss sehr gut angepasst werden, um Druck- oder Scheuerstellen zu vermeiden. Wie schon zuvor erwähnt, sollten Sie nicht an der Qualität sparen. Ein hochwertiges Geschirr hält bei entsprechender Pflege sehr lange im Vergleich zu minderwertigem Lederzeug.

Der Sulky sollte in der Größe unbedingt zum Stockmaß des Ponys passend sein, so dass das Gewicht optimal verteilt ist. Zu große Sulkys drücken übermäßig auf den Rücken, zu kleine kippen leicht nach hinten.

Nicht alle Sulkys haben Handbremsen und eine entsprechende Beleuchtung für das Fahren auf Straßen oder Turnieren. Beachten Sie das vor der Anschaffung. Wenn Sie Turniere fahren möchten, sollten Sie sich vor dem Kauf über die aktuel-

Fahrzaum mit Blendkappen und Fahrkandare

len Turnierbestimmungen bezüglich des Geschirres und des Wagens erkundigen.

Dressur vor dem Sulky

Das dressurmäßige Fahren kann soweit verfeinert werden, dass es dem Reiten von Lektionen entspricht. Es sind insofern Grenzen gesetzt, dass sich das Pony zwischen den Scherbäumen nur begrenzt biegen kann und auch eine gleichzeitige Vorwärts-Seitwärts-Bewegung nur sehr begrenzt möglich ist. Das heißt, dass man die Seitengänge nur andeuten kann. Sämtliche Lektionen, die geradeaus oder in der Biegung auf einfachem Hufschlag stattfinden, sind jedoch bei entsprechender Ausbildung und Eignung möglich, auch wenn sie in Dressurprüfungen für Fahrpferde nicht vorkommen und üblicherweise auch nicht gefahren werden:

Passage

Spanischer Schritt

> alle Hufschlagfiguren auf einfachem Hufschlag wie Ganze Bahn, Zirkel, Volten, Kehrtvolten, alle Wechsellinien
> alle Grundgangarten
> alle Übergänge
> Versammlung und Verstärkung
> Halten und Rückwärtsrichten

> Spanischer Schritt
> Kompliment, Knien
> Piaffe
> Passage
> Außengalopp
> Fliegende Galoppwechsel
> Arbeitspirouetten

Konditionstraining

Das schon vorher beschriebene Konditionstraining können Sie am Sulky wunderbar ergänzen. Das ist für das Pony noch viel abwechslungsreicher als an der Longe, da man sowohl viel geradeaus als auch Bergauf- und Bergabfahren mit einbeziehen kann. Achten Sie beim Galoppieren darauf, dass das Pony auch an der Kutsche über den Rücken durchspringt.

Fahren im Gelände

Das Fahren in hügeligem Gelände ist sehr trainingsintensiv, ebenso wie das Reiten in entsprechendem Terrain. Nutzen Sie das Gelände für Abwechslung und unterschiedliche Reize auf das Gleichgewicht, die Muskulatur und den Gehorsam des Ponys. Es gibt nichts Schöneres als eine Kutschenausfahrt mit mehreren Ponys. Zusammen zu traben und zu galoppieren macht das müdeste Pony munter und

bringt auch den Fahrern viel Spaß. Das ist wie ein gemeinsamer Ausritt mit Großpferden. Jeder Fahrer sollte natürlich sein Pony an den Hilfen und unter Kontrolle haben. Dann ist auch gegen einen spritzigen Galopp nichts einzuwenden.

Bergab muss man darauf achten, dass das Pony nicht an Geschwindigkeit zulegt, sondern gut im Tempo bleibt und sich regulieren lässt. Bergauf kann man auch gefahrlos zulegen. Hierbei sollten immer wieder Schrittreprisen zur Erholung eingelegt werden.

Manche Sulkys lassen sich im Winter zum Schlitten umbauen. Mit entsprechenden Kufen daruntermontiert kann das Geländetraining im Schnee fortgesetzt werden. Dabei sollte man auf geschleppten geraden Wegen fahren. Bei einer geschlossenen und an der Oberfläche gefrorenen Schneedecke kann man auch gut über Wiesen fahren.

Lancelot zum Beispiel bekommt dieses Wintertraining im Schnee immer besonders gut. In dieser Zeit verzichte ich fast komplett auf Dressurlektionen, sondern nutze die Zeit, solange Schnee liegt, für ausgiebige Ausfahrten, die oftmals auch von einem Großpferd unter dem Sattel begleitet werden. Ein Pony kann bei guter Kondition mühelos mit einem Großpferd im Arbeitsgalopp mithalten.

Lancelots Fahrtraining

Das Training am Sulky versuche ich so vielseitig wie möglich zu gestalten. Lancelot wird etwa zweimal pro Woche gefahren, wobei ich entweder das Hauptaugenmerk auf die Konditionsarbeit oder die Dressurarbeit lege. An manchen Tagen fahre ich ihn in ganz ruhigem Tempo vorwärts-abwärts, mit vielen Handwechseln, achte auf Stellung und Biegung und versuche, die Durchlässigkeit durch Übergänge zu verbessern. An anderen Tagen darf er dann auch mal richtig vorwärtsgaloppieren, im Winter vorzugsweise am Schlitten auf kilometerlangen, verschneiten Waldwegen. Auch am Sulky hat man bei ihm nie das Problem, dass er faul sein könnte, sondern eher, dass er zu stürmisch wird. Deshalb achte ich immer darauf, ihn nach einem spritzigen Galopp wieder abzuspannen. Viele Dressurlektionen lassen sich mit ihm am Sulky sogar besser üben als vom Boden aus, da er durch die Scherbäume links und rechts mehr seitliche Führung hat. Es macht uns beiden viel Spaß über die Wiesen zu galoppieren und es gibt für ihn kein besseres Bauch-weg-Training als das Fahren. Ganz besonders genießen wir das Querfeldeinfahren mit dem Schlitten im Winter.

Arbeit an der Hand

Die Piaffe erarbeiten

Das Touchieren der Hinterbeine für die Piaffearbeit beginnt wie die Vorübung zum Spanischen Schritt: im Stehen. Es ist zweckmäßig, den Schweif hochzubinden oder zumindest einzuflechten, um zu vermeiden, dass sich Schweifhaare mit der Touchierpeitsche verheddern. Man beginnt, ein Hinterbein zu touchieren, einen kurzen Schnalzlaut als Stimmhilfe zu geben und sobald das Pony das Hinterbein bewegt beziehungsweise im besten Fall hochhebt, sofort mit Stimme und Futter zu loben. Das Pony wird den angenehmen Effekt des Beinhebens in Erinnerung behalten. Deshalb sollte man auch nur so viel wie nötig touchieren. Je weniger ein Bein touchiert werden muss, um den gewünschten Effekt zu erzielen,

umso gleichmäßiger und selbstverständlicher gelingt später die Piaffe. Ein Pony, das bei jedem einzelnen Tritt bearbeitet werden muss, wird immer wieder Taktfehler bekommen, da der Ausbilder bei dem schnellen Bewegungsablauf eines Shettys oft zu früh oder zu spät ein Bein erreicht. Optimal wäre es, wenn das Pony nach dem Eintakten am Beginn auf bloßes optisches Zeichen selbstständig weiterpiaffiert. Aber noch sind wir ja ganz am Anfang und nicht viele Ponys sind überhaupt befähigt, sich für eine ordentliche Piaffe genügend zu versammeln. Das liegt sowohl an der Sensibilität als auch an groben Gebäudefehlern, die schon beschrieben wurden. Bei Ponys, die hinten stark überbaut sind oder eine

Aus dem Rückwärtsrichten ...

... trabt das Pony versammelt an und ...

schlecht gewinkelte Hinterhand haben, sollte man von stark versammelnden Lektionen absehen.

Handarbeit darf niemals in Quälerei ausarten! Es würde somit jeden Sinn verfehlen.

Auch bei der Arbeit am Hinterbein müssen beide Beine abwechselnd touchiert werden.

Die Phase im Stehen ist dann abgeschlossen, wenn das Pony in schneller Abfolge die Hinterbeine abwechselnd auf leichtes Touchieren heben kann und das auch geistig verinnerlicht hat.

Dann erfolgt dasselbe im verkürzten Schritt. Nun ist es schon erheblich schwieriger für das Pony geworden, da das Anheben der Beine mit dem Takt des Schrittes koordiniert werden muss. Für diese Phase wird man länger benötigen als im Stehen, um gute Ergebnisse zu erzielen. Wichtig ist, erst dann zur nächsten Phase überzugehen, wenn das vorher Gelernte gut abrufbar ist. Ist das Pony in der Lage, das eben Beschriebene im Schritt auszuführen, kann man damit beginnen, einige Tritte rückwärts treten zu lassen und daraus wieder im Schritt anzugehen. Diesen Wechsel muss man einige Male hintereinander anschließen lassen. Das Ziel dieser Übung ist, dass nach einiger Gewöhnungszeit das Pony beim Rückwärtsrichten bereits an die Vorwärtsbewegung denkt und beim Vorwärtsgehen

bereits an die Rückwärtsbewegung. Nach einiger Zeit verwischen die Übergänge immer mehr, wenn man die Trittanzahl verringert. Die nächste Stufe ist dieselbe Übung im verkürzten Trab. Wir verlangen in kurzer Abfolge Trab – Rückwärtsrichten – Trab – Rückwärtsrichten – Trab. Es versteht sich von selbst, dass beim Durchparieren möglichst wenig die Hand eingesetzt werden darf. Arbeiten Sie mit Ihrer Körpersprache und der Stimme, um das Pony nach dem Antraben zum Halten durchzuparieren. Verkürzt man hieraus die Trittzahl und hat das Pony die Übung gut verstanden, ergeben sich bereits die ersten piaffeartigen Tritte nach dem Rückwärtsrichten, wenn man im selben Moment die Hinterbeine touchiert. Schon zwei bis drei piaffeartige Tritte sind Grund für ein großes Lob! Vergessen Sie

... wird durch halbe Paraden in die Piaffe geführt.

Die Haltung des Führers ist bei einem Großpferd (hier ein Lusitano) erheblich einfacher.

bitte nicht, dass dieser hier beschriebene Lernprozess über Wochen oder auch Monate geht und keinesfalls so schnell bewerkstelligt werden kann, wie es hier vielleicht klingt. Das gilt in verstärktem Maße, wenn der Ponyführer noch nicht viel Erfahrung mit der Handarbeit hat. Also Geduld!

Aus zwei, drei Tritten werden im Laufe der Zeit mehr. Je kräftiger die Hinterhand wird, desto mehr Tritte können verlangt werden. Es ist noch nicht wichtig, dass die Aktion ausdrucksvoll ist, sondern der Takt und die Gleichmäßigkeit der Tritte stehen im Vordergrund und das noch ziemlich lange. Auch sollte man unbedingt darauf

achten, dass die Vorwärtstendenz niemals verloren geht. Da diese Übungen sehr kräftezehrend sein können, stellt man sie am besten an den Anfang der Arbeit, gleich nach der Lösungsphase. Kurze Pausen zwischen den einzelnen Reprisen sind wichtig und sinnvoll. Maximal zehn Minuten dieser anstrengenden Arbeit sollten Sie von Ihrem Pony verlangen. Die Reprisen werden dann von mal zu mal langsam gesteigert, müssen aber immer daran gemessen werden, wie das Pony darauf reagiert. Ein aufmerksamer Beobachter erkennt das richtige Maß. Im Zweifelsfall mache ich lieber weniger als mehr, um dem Pony nicht die Freude daran zu verderben. Wenn man erst Fehler korrigieren muss, die aus Widersetzlichkeiten entstehen, hat man schon verloren! Hören Sie in das Pony hinein und es wird Ihnen sagen, was es braucht. Bei einem schon etwas routinierteren Pony kann ich dann die Touchierpunkte abwechseln, um einer Abstumpfung entgegenzuwirken. Touchiert man immer nur genau dieselbe Stelle, gewöhnt sich das Pony daran und reagiert weniger gut. Weiß es jedoch nicht, welcher Punkt als nächstes touchiert wird, bleibt es aufmerksamer den Hilfen gegenüber. Ziel ist es jedoch, ein möglichst selbstständiges Treten zu fördern. Dass die Piaffe auf der Stelle ausgeführt wird, verlangen wir erst zu einem sehr viel späteren Zeitpunkt und auch hierbei muss immer auf die Vorwärtstendenz geachtet werden.

Am Langen Zügel

Normalerweise lernen Pferde die ganzen Lektionen zuerst unter dem Sattel und erst nach ihrer Perfektionierung werden sie am Langen Zügel gezeigt. Damit sind wir schon bei unserem größten Problem. Unsere Ponys sind zu klein, um Reiter zu

Ponys sind schwierig einzurahmen.

finden, die ihnen diese anspruchsvollen Lektionen vom Sattel aus beibringen könnten. Wir haben es also wesentlich schwerer als ein Reiter, der ein voll ausgebildetes Reitpferd am Langen Zügel vorstellt. Deshalb muss man auch gewisse Abstriche hinsichtlich der Längsbiegung machen.

Die zweite Schwierigkeit besteht darin, dass die Zügel bei einem größeren Pferd links und rechts am Pferd anliegen und es einrahmen können. Von einem Erwachsenen aus gesehen, ist das Pony relativ weit unten und die Zügel gehen vom Gurt aus nach oben zur Hand. Das erschwert das Einrahmen des Ponys enorm und wir müssen viele Lektionen zuerst an der Doppellonge üben, bei der die Leinen durch die Umlenkrollen tief geschnallt werden können.

Zügelführung

Korrekte Zügelführung

Die Zügelführung ist der ähnlich, die wir beim Reiten benutzen. Allerdings ist sie flexibler, da die gertenführende Hand mehr in die Bewegung links und rechts vom Pony mitgehen muss. Um eine korrekte Anlehnung herzustellen, müssen die Hände weich und elastisch in jeder Bewegung „mitfühlen". Eine starre Hand wirkt sich bei der Arbeit am Langen Zügel sehr schlecht aus. Das Handgelenk muss immer locker bleiben und darf nicht festgestellt werden. Dasselbe gilt für die Ellbogen- und Schultergelenke. Stellen Sie sich vor, Sie schütteln jemandem die Hand. Es ist unangenehm, wenn der andere Ihre Hand einquetscht, aber genauso schlecht fühlt es sich an, wenn man einen ganz laschen Händedruck bekommt.

Ein sympathischer und angenehmer Händedruck fühlt sich am besten an.

Koordination der Hilfen

Das Koordinieren der Zügel-, Gerten- und Stimmhilfen in Verbindung mit der Ausführung einer Lektion bereitet den meisten Neulingen große Schwierigkeiten. Hat auch das Pony noch keine Idee davon, was eigentlich verlangt wird, sieht man beide in aller Regel im Zick-Zack oder in ungewollten Schlangenlinien wie die Betrunkenen durch die Gegend torkeln. Die Arbeit am Langen Zügel sieht wesentlich einfacher aus, als sie in Wirklichkeit ist. Deshalb sollte man unbedingt eine erfahrene Person dabei haben, die bei den gröbsten Schwierigkeiten helfen kann.

Besser ist es natürlich, wenn entweder das Pony oder der Führer darin bereits geübt sind. Wenn alle beide keine Ahnung haben, muss man unweigerlich an den Spruch „wenn ein Blinder einen Blinden führt" denken. Eine entsprechende Anleitung in der Praxis ist hier einfach unumgänglich. Das Pony muss in allen Lektionen am äußeren Zügel stehen, so wie beim Reiten auch. Die Gerte ersetzt die Schenkel und soll beim Abfußen des jeweiligen Beines eingesetzt werden. Die innere Hand darf den inneren Hinterfuß nicht blockieren.

Die Halseinstellung

Von der Seite Die Halseinstellung des Ponys bei der Arbeit am Langen Zügel, ist ein wichtiger Punkt. Für den Beginn in den Arbeitstempi soll der Hals nicht eng und noch sehr gedehnt sein. Die Aufrichtung des Halses muss *relativ* sein, das heißt der Hals darf nur so weit aufgerichtet sein, wie die Hinterhand gesetzt ist. Am Anfang ist das nur sehr wenig. Erst mit zunehmender Beugung der Hinterbeine richtet sich der Hals automatisch mehr auf. Wird dies mit der Hand erzeugt, entsteht die falsche Muskulatur und der Rücken wird weggedrückt. Darunter leidet dann natürlich auch die Losgelassenheit.

Von oben Wie auf den Fotos zu sehen ist, bezeichnet man als Stellung lediglich den Bereich im Genick. Ein übertriebenes seitliches Abbiegen des Halses ist kontraproduktiv hinsichtlich der Bearbeitung des Ponys im Genick. Wird der Hals zur Seite gezogen, bleibt das Genick fest! Um aber Durchlässigkeit zu erreichen und Lektionen zu erarbeiten, brauchen wir ein lockeres Genick. Das ist nicht dasselbe wie ein lockerer Hals. Der Hals soll am Widerrist „festgestellt" und nur soweit gebogen sein, wie das Pony insgesamt in der ganzen Wirbelsäule gebogen ist. Optisch gesehen darf der Hals deshalb nur wenig seitliche Biegung haben und

Aufgerollt, hinter dem Zügel

Über dem Zügel

Korrekte Halseinstellung

das Pony muss immer wieder an den äußeren Zügel herangetrieben und gerade gerichtet werden.

Trainingspläne

Um eine ungefähre Vorstellung vom Ablauf im jeweiligen Alter zu bekommen, sehen Sie im folgenden einige Trainingsbeispiele. Setzen Sie sie nicht 1:1 auf Ihr Pony um, sondern nehmen diese als Anregung. Interessant ist es auch zum Beispiel bei der Konditionsarbeit, einen Schrittmesser einzusetzen. Das kleine Gerät zählt die zurückgelegten Schritte und kombiniert mit deren Länge können Sie später sehen, wieviel Kilometer das Pony zurückgelegt hat. Sie werden staunen, wieviel Strecke ein Pony problemlos zurücklegen kann!

Montag:	Freie Bewegung
Dienstag:	Arbeit an der Longe
Mittwoch:	Zirkuslektionen
Donnerstag:	Freie Bewegung
Freitag:	Arbeit an der Longe und Gehorsamsübungen
Samstag:	Freie Bewegung
Sonntag:	Longenarbeit und Konditionstraining

Montag:	Freie Bewegung
Dienstag:	Doppellonge und Zirkuslektionen
Mittwoch:	Cavalettiarbeit und Springgymnastik
Donnerstag:	Dressurlektionen am Langen Zügel
Freitag:	Fahren und Konditionstraining
Samstag:	Doppellonge und Gehorsamsübungen
Sonntag:	Dressurlektionen

Montag:	Freie Bewegung
Dienstag:	Longenarbeit und Cavalettiarbeit
Mittwoch:	Dressurlektionen am Langen Zügel
Donnerstag:	Zirkuslektionen und Gehorsamsübungen
Freitag:	Freie Bewegung
Samstag:	Springgymnastik
Sonntag:	Fahren

Montag:	Dressurlektionen am Langen Zügel
Dienstag:	Fahren und Konditionstraining
Mittwoch:	Zirkuslektionen und Gehorsamsübungen
Donnerstag:	Arbeit an der Hand und Konditionstraining
Freitag:	Doppellonge und Galopparbeit
Samstag:	Fahren im Gelände
Sonntag:	Dressurmäßiges Fahren

Fahren als Bestandteil des Trainings

Wie Sie daraus auch ersehen können, steigere ich die wöchentliche Belastung mit der Anzahl der Jahre. Das ist eine Faustregel, die für die Mehrzahl der Ponys gilt. Das heißt ich arbeite ein vierjähriges Pony nicht öfter als viermal pro Woche, ein fünfjähriges nicht öfter als fünfmal pro Woche.

Auch bei einem älteren Pony ist es durchaus empfehlenswert, immer einmal wieder Pausen einzulegen. Da reagiert jedes Pony anders. Nicht alle brauchen gleich viel Training, um die gleiche Leistung zu erbringen. Ebenso gehen diese Pläne davon aus, dass Sie mit einem vierjährigen Pony angefangen haben und kontinuierlich weiterarbeiten. Wenn Sie ein Pony kaufen, das siebenjährig ist und noch nichts gearbeitet hat, dann müssen Sie es trainieren wie ein vierjähriges Pony. Da Ponys spätreif sind, ist es überhaupt nicht schlimm, erst später anzufangen. Der früheste Zeitpunkt, bei dem man anfangen sollte, ist drei Jahre, aber dann keinesfalls mehr als drei mal pro Woche und ohne viel Longenarbeit.

Lancelots Handarbeit

An Tagen, an denen ich nur wenig Zeit für ihn habe und trotzdem effektiv arbeiten möchte, bevorzuge ich die Arbeit an der Hand. Nach einer kurzen Aufwärmphase, in der ich vor allem die Seitengänge abfrage, lasse ich ihn piaffieren, übe das korrekte Rückwärtsrichten und auch schon mal einige Levaden. Da das sehr anstrengend ist, genügt eine Zeitdauer von circa zehn Minuten und nach einigen guten Wiederholungen darf er wieder zurück in den Stall. Das mache ich manchmal auch zweimal am Tag, so dass es nicht zuviel auf einmal ist. Die Arbeit an der Hand sollte immer mit einem frischen und nicht mit einem ermüdeten Pony gemacht werden und es ist besser, mehrmals am Tag ein paar Minuten zu üben, als einmal eine längere Zeitdauer. Das Aufhören nach einer gelungenen Lektion ist für ein Pony eine sehr gute Belohnung und motiviert es wesentlich mehr als endloses Wiederholen derselben Lektion. Die Handarbeit kann ich bei Lancelot sowohl in der Lösungsphase als auch in der Arbeitsphase einsetzen, je nachdem was ich mit ihm mache. Eine weitere Variation ist zum Beispiel die Lektionen an der Hand leicht bergauf oder bergab zu trainieren, um verschiedene Muskeln zu aktivieren.

>>>
It's Showtime!

Show-Vorführungen

Nach einer gewissen Zeit der Arbeit mit dem Pony will man das Gelernte natürlich auch gerne mal einem kleineren oder auch größeren Publikum vorführen. Dabei sind einige Dinge im Vorfeld zu beachten:

Wie ist der bisherige Ausbildungsstand? Können mein Pony und ich denn schon genügend Dinge, um überhaupt eine Vorführung auf die Beine zu stellen?

Will ich in der Vorführung alleine oder mit anderen zusammen auftreten? Wenn mehrere Ponys oder Pferde zusammen auftreten ist eine andere Planung und Choreographie notwendig als bei einer Solonummer. Passen die Pferde/Ponys zusammen?

Welche Musik wähle ich? Oder soll eine Geschichte erzählt werden?

Ist ein Kostüm oder eine spezielle Ausstattung des Ponys notwendig? Woher bekomme ich diese? Muss sie angefertigt werden?

Welche Lektionen sollen gezeigt werden? Freiheitsdressur, Doppellonge, am Langen Zügel oder vielleicht auch in Kombination miteinander?

Die Aufmachung des Ponys

Je nach Typ gibt es mehrere Möglichkeiten, sein Pony optimal für einen Auftritt auszustatten.

Da Ponys meistens lange Mähnen haben, kann man diese gut einflechten. Es bietet sich der französische Zopf an, der vom Schopf über den Mähenkamm bis hinunter zum Widerrist in einem Strang geflochten wird. Um ein farbliches Highlight zu setzen, kann man in diesen Zopf farbige Bänder, passend zum Kostüm des Vorführers, einflechten. Diese

Farblich passend eingeflochtene Mähnenbänder

werden dann mit durchsichtigem Perlon-faden am Mähnenkamm vernäht und halten so auch ziemlich gut. Ein Show-Zaumzeug, wie hier, passt dazu optimal. Wenn die Mähnenhaare schön und auch genügend lang sind, kann man die Haar-pracht auch durchaus offen präsentieren. Allerdings sollte man die Mähne waschen und danach in mehrere Zöpfe einflech-ten, damit sie bei der Vorführung auf einer Seite liegt und in gleichmäßigen Wellen hinunterfällt. Stellt man ein Pony am Langen Zügel vor, kann es mitunter unpraktisch sein, da sich die langen Haare gerne mit den Zügeln verheddern. Bei zirzensischen Schaunummern oder Freiheitsdressuren ist es unproblema-tisch.

Kostüme

Bei einer Dressurprüfung auf dem Turnier sind alle Reiter und Pferde in der mehr oder weniger selben Aufmachung: schwarz / weiß. Abgesehen von der Tradi-tion hat das einen guten Grund. Ein Rei-ter soll durch sein gutes Reiten auffallen und nicht durch seine außergewöhnliche Aufmachung ablenken. Bei einem Schau-auftritt wollen wir selbstverständlich durch gutes Vorführen positiv auffallen, aber ein solcher Auftritt lebt auch von der Optik. Gerade durch das bunte Bild und die unterschiedlichen Stile, die in einem Schauprogramm gezeigt werden, ist es für das Publikum interessant. Viele Men-schen haben das ewige Schwarzweiß einfach satt. Bei Schauprogrammen sieht man die unterschiedlichsten Pferderas-sen in vielfältigen Disziplinen, in Origi-naltracht oder Fantasiekostümen. Das ist kurzweilig und begeistert sowohl Laien

Dezente Barockjacke mit passendem Hut

als auch Fachleute. Doch eines sollte man dabei nicht vergessen: Schlechtes Reiten oder Vorführen lassen sich auch mit dem imposantesten Kostüm nicht vertuschen! Die Qualität der Ausbildung muss im Vordergrund stehen. Dann spricht auch nichts dagegen, das Ganze optisch auf Hochglanz zu polieren. Es gibt wunder-schöne Ausstattungen, die den Typ des Pferdes oder die jeweilige Reitweise unterstreichen.

Am besten sieht es immer aus, wenn das Kostüm einen historischen Hinter-grund hat und auf Maß gefertigt wurde. Dafür gibt es spezielle Schneider und Designer von Reitkostümen.

Erstellen einer Kür

Wenn Sie in der Öffentlichkeit Auftritte machen möchten, dann sollten Sie sich im Vorfeld eine Kür bzw. eine Schaunum-mer erarbeiten.

Die erste Überlegung ist: Was kann mein Pony und was möchte ich in der Nummer drin haben? Gehen wir von einem Soloauftritt aus, dann notieren Sie sich alles was Ihr Pony bereits kann. Überlegen Sie auf welcher Fläche, in wel-chen Abmessungen die Kür stattfinden soll. Da wir kleine Ponys haben, können Sie auf einer Fläche von 15 x 30 Metern arbeiten, ohne dass es eng wird. Bei Grup-pen oder Pas-de-Deuxs darf es auch grö-ßer sein. Die Lektionen sollten auf beiden Händen gezeigt werden und die Choreo-graphie sollte harmonisch und anspre-chend sein. Probieren Sie einzelne Über-gänge von einer Lektion zur anderen vorher aus, und überprüfen Sie, ob das auch so funktioniert.

Filmen des Ablaufs mit einer Videokamera

Es gibt zwei Möglichkeiten, eine Kür zusammenzustellen:

Sie suchen zunächst eine passende Musik und entwickeln zu dieser Musik ihre Choreographie oder Sie erarbeiten Ihre Choreographie und suchen dazu dann die entsprechenden Titel.

Diese Möglichkeit würde ich bevorzu-gen, da Sie dann völlig frei die Lektionen gestalten können, ohne Rücksicht auf die Musik nehmen zu müssen. Es ist auch die deutlich einfachere Variante. Eine optimale Kür sollte sich von Anfang bis Ende steigern. Der erste und vor allem der letzte Eindruck bei den Zuschauern ist besonders wichtig. Sehr effektvoll ist ein „dramatischer" musikalischer Schluss mit Halten und Gruß auf den Punkt.

Gestalten Sie die Kür zuerst auf dem Papier. Notieren Sie den genauen Ablauf. Diesen Ablauf sollten Sie nun mit Ihrem Pony üben und schauen, ob es vielleicht notwendig ist, das eine oder andere wegzulassen oder auszutauschen.

Wenn der Ablauf steht, wird er auf Video aufgezeichnet und anhand dieses Videos können Sie sich nun mit der Musik beschäftigen. Die Auswahl der Musik ist Geschmackssache, aber bedenken Sie, dass nicht jeder der Zuschauer Ihren Geschmack hat.

Die Musik unterstreicht die Vorführung und das kann positiv oder auch negativ sein. Sollten Sie diesbezüglich unsicher sein, nehmen Sie jemanden hinzu, der Sie beraten kann.

Den Schnitt der Musik kann man bei entsprechendem Equipment selbst machen oder auch die Kür professionell schneiden lassen. Viele Reiter machen das heutzutage bereits und es gibt immer mehr Studios, die sich darauf spezialisiert haben. Es kommt natürlich auch darauf an, wie viel Geld Sie für eine Shownummer investieren wollen. Bei professio-

Internationales Vielseitigkeitsturnier Marbach

nellem Schnitt werden die Übergänge harmonisch überblendet und auch Änderungen im Nachhinein sind technisch kein Problem. Möglicherweise findet sich auch jemand, der das privat für Sie machen kann.

Kopieren Sie die fertige Musik immer mehrmals auf Cassette oder CD, falls eine verloren geht. Ebenso sollte man zu einem Auftritt immer noch eine zweite Kopie mitnehmen.

Pas-de-Deux mit Olympiasieger Hubertus Schmidt bei der Pferdegala EQUI-MAGIC

Lampenfieber

Lampenfieber hat fast jeder Mensch bei einem Turnier oder einem Auftritt. Das ist ganz normal. Man hat Angst, dass alles schiefgeht, dass man sich blamiert oder dass man in den Schlamm fällt. Die Liste der möglichen Unmöglichkeiten ist unendlich. Um das erfolgreich zu meistern, muss man das Risiko eines Versagens in Kauf nehmen. Schließlich arbeiten wir mit Tieren und dazu noch mit sensiblen. Wenn also etwas daneben geht, dann registrieren andere Menschen das viel weniger als man selbst glaubt. Und wenn sie es sich merken, dann haben sie es kurz darauf schon wieder vergessen, weil es Wichtigeres gibt. Aus jedem Misserfolg kann man für die Zukunft lernen und es

beim nächsten Mal einfach wieder besser machen. Bei niemandem klappt ein Auftritt nach dem anderen jedesmal reibungslos. Das gibt es gar nicht. Konzentration ist ein Punkt, an dem sich die Geister scheiden. Konzentriert man sich auf alle Dinge, die möglicherweise schief gehen können, ist das Gehirn nur damit beschäftigt, sich die Bilder in aller Schrecklichkeit auszumalen. Wie soll man sich da noch auf die bevorstehende Aufgabe konzentrieren können? Nehmen Sie alle Ihre Gedanken zusammen und weigern Sie sich, über Negatives nachzudenken. Verhindern kann man es sowieso nicht. Also wozu Energie sinnlos verschwenden? Bleiben Sie positiv, auch wenn der Auftritt nicht gut war. Überlegen Sie, was die Gründe waren: Mangelnde Vorbereitung, eine Umgebung, in der das Pony sich stark ablenken ließ, schlechte Bodenverhältnisse, die Kür vergessen? Wenn man das Desaster mit der Videokamera gefilmt hat, kann man dann zu Hause genau analysieren, was besser werden muss. Einige Einflüsse wird es aber immer geben, die sich auch bei bester Vorbereitung nicht vorhersehen lassen. Das macht die Arbeit mit Pferden ja auch so spannend!

Vorbereitung

Es ist durchaus nicht als penibel zu bezeichnen, wenn man seinen Auftritt zu Hause unter Show-Bedingungen probt. Flechten Sie zum Beispiel Ihr Pony entsprechend ein und merken Sie sich die Zeit, die Sie dafür gebraucht haben. Genauso sollten Sie eine ziemlich genaue Vorstellung davon haben, wie lange Sie für die gesamte Vorbereitung am Tag der Vorstellung benötigen. Das betrifft Putzen, Einflechten, Verladen, die Dauer der Fahrt, Warm-up, etc. Nichts ist ärgerlicher, als ständig dem Zeitplan hoffnungslos hinterherzulaufen und am Ende nicht genügend Vorbereitungszeit vor der Vorstellung zu haben. Je besser alles organisiert ist, desto reibungsloser läuft es und man bewahrt seine ohnehin auf-

Lancelot in seinem Element

gekratzten Nerven vor der Eskalation. Pferde spüren sehr gut, wenn Hektik und Nervosität aufkommen. Da sie jedoch den Grund nicht kennen, werden sie auch nervös und der schönste Auftritt kommt so nicht zur Geltung.

Falls möglich, sollten Sie das Putzen von Geschirr, das Einladen aller notwendigen Utensilien, das Anhängen des Pferdehängers, das Ausdrucken der Reiseroute und alles, was vorher schon erledigt werden kann, bereits am Vortag tun. Es wird ohnehin noch genug Arbeit auf Sie zukommen. Für sehr wichtig halte ich einen genauen Zeitplan für den Tag der Show. Wenn Sie zum Beispiel um 12 Uhr Ihren Auftritt haben, müssen Sie zurückrechnen, wie lange Sie für jedes Detail benötigen, um zu wissen, wann Sie spätestens aufstehen und loslegen sollten.

Berechnen Sie immer eine extra halbe Stunde für unvorhergesehene Dinge wie Reifenpanne, Stau oder Verfahren ein. So kann man auch dann ganz ruhig und gelassen bleiben, und Sie haben Zeit, sich in aller Ruhe erst einmal umzuschauen.

Warm-Up

Der Erfolg einer guten Show-Vorführung hängt zu einem großen Teil vom Abreiten ab, das ich in unserem Fall einfach als „Warm-Up" bezeichne, da es kein Abreiten im Sinne des Wortes ist. Auch wenn kein Reiter auf dem Rücken sitzt, ist es in jedem Fall notwendig, das Pony entsprechend physisch und psychisch vorzubereiten. Der Zweck dessen ist, es in eine optimale Verfassung für die Prüfung oder den Auftritt zu bringen. Es sollte sich an die Umgebung gewöhnt haben, die Muskulatur muss geschmeidig und locker sein, aber auf keinen Fall darf es bereits müde und lustlos wirken. Genau diesen optimalen Punkt zu finden ist nicht einfach und auf einer Veranstaltung kommen noch Faktoren wie Umgebungsreize, fremde Pferde, Aufregung, andere Bodenverhältnisse, Publikum und vieles mehr dazu. Planen Sie deshalb lieber etwas mehr Zeit als zu Hause ein. Schrittphasen zwischendurch sind immer möglich, wenn die Zeit zu lange wird. Haben Sie zu wenig Zeit, wird es leicht kritisch und Sie haben keinen Spielraum mehr.

Lösen Sie Ihr Pony wie zuhause auch, indem Sie ihm die Gelegenheit geben, sich vorwärts-abwärts zu strecken und alle Muskeln zu dehnen. Besonders wichtig ist es, sowohl in der Lösungsphase als auch in der Arbeitsphase darauf zu achten, dass beide Ganaschen locker sind und das Pony sich gut und möglichst

Internationales Dressurfestival Lingen

einen Kampf auszufechten. Wenn Sie das tun, können Sie sicher sein, dass dann alles andere auch nicht mehr gut klappen wird. Bei einem Schauauftritt hat man glücklicherweise die Möglichkeit Klippen zu umschiffen, was bei einer Dressurprüfung nur sehr bedingt geht. Die Kunst ist also, eine Lektion einfach geschickt zu überspielen oder im schlimmsten Fall einfach auszulassen, wenn die Musik das zulässt. Wollen Sie, dass Ihr Pony das Kompliment macht und es legt sich aber hin, dann lassen Sie es eben liegen! Es weiß ja niemand, dass es jetzt nicht liegen sollte. Niemals dürfen Sie es dafür strafen. Das muss man schon auf dem Vorbereitungsplatz berücksichtigen und deshalb auch alle Lektionen wenigstens kurz antesten. Klappt etwas nach mehreren ruhigen Versuchen nicht, dann ist jetzt kein Raum mehr für großartige Korrekturen. Es ist sehr unwahrscheinlich, dass man etwas kurz vor dem Auftritt noch erfolgreich korrigieren kann, ohne die Harmonie zu stören. Lassen Sie alle Fünfe gerade sein und konzentrieren Sie sich voll auf die Stärken Ihres Ponys. Vermutlich wird niemand etwas davon merken. Viel wichtiger als das Durchsetzen einer bestimmten Lektion ist der Gesamteindruck einer Vorstellung. Das Pony also in einer guten Stimmung zu präsentieren, ist der wichtigste Faktor. Davon lebt ein guter Schauauftritt.

gleichmäßig nach beiden Seiten stellen lässt. Ein Auftritt, bei dem man gegen die Festigkeit in den Ganaschen kämpft, wirkt meist nicht sehr harmonisch. Die Lektionen, die Sie zeigen wollen, sollten Sie vorher alle wenigstens einmal kurz abrufen, damit Sie die Hilfen noch einmal optimieren und gegebenenfalls auch noch etwas besser abstimmen können. Es macht keinen Sinn, beim Aufwärmen Lektionen zu verlangen, die dann beim Auftritt gar nicht gefordert werden. Denken Sie daran: So *einfach* wie möglich, sich dem Pony so *gut* als möglich, *verständlich* machen. Also, bitte keine Verwirrung stiften! Falls etwas beim Warm-Up nicht gut funktionieren sollte, fangen Sie auf keinen Fall an, mit dem Pony

Endlich! Der große Auftritt!

Trotz Lampenfieber sollten Sie sich einfach in erster Linie freuen, dass Sie die Gelegenheit haben, Ihr Pony zu präsentieren und es geschafft haben, soweit mit ihm zu kommen. Egal was jetzt passiert (und das kann alles Mögliche sein), das Publikum wird es lieben. Ein großer Vorteil von Ponys ist, dass ihnen einfach nichts übel genommen wird. Lancelot erregt schon immer Aufmerksamkeit allein dadurch, dass er einfach nur dasteht und nichts tut. Er wird vom Publikum geliebt, selbst wenn er nur Blödsinn macht und mich ärgert. Das sollten Sie nicht so verstehen, dass man ohnehin nicht viel trainieren muss und trotzdem Applaus bekommt, sondern dass man Großpferden gegenüber einfach einen entscheidenden Vorteil hat, den man im schlimmsten Fall eben auch nutzen kann. Selbstverständlich soll die Vorführung möglichst gut sein, aber wir haben eben noch einen Bonus dazu.

Holen Sie tief Luft und versuchen Sie, sich kurz vor dem Auftritt noch einmal ganz auf das Nächstliegende zu konzentrieren. Konzentration ist bei einem Schauauftritt genauso wichtig wie bei einer Dressur- oder Springprüfung. Gehen Sie im Geist noch einmal stichpunktartig den Ablauf durch. Zum Beispiel: Anfang Spanischer Schritt – Schulterherein –

Traversale – Schulterherein – Traversale – usw. Versuchen Sie gedanklich ein genaues inneres Bild davon zu bekommen und wie einen Film ablaufen zu lassen. Auf diese Weise können Sie auch im Vorfeld den Auftritt des Öfteren „üben" ohne überhaupt in der Nähe des Ponys zu sein. Den Ablauf im Kopf zu haben ist sehr wichtig, aber seien Sie auch flexibel genug, etwas einzubauen, das Ihr Pony gerade anbietet. Das fällt meist weniger auf, als eine abrupte Korrektur oder eine Störung der Harmonie.

Bei einem Gruppenauftritt, zum Beispiel einer Pony-Quadrille, Pas-de-Deux,

Mit Olympiasieger Martin Schaudt beim Elitepreis

Pas-de-Quatre oder einer Aufführung mit Tänzern oder ähnlichem ist das natürlich schwieriger, weil die anderen Mitglieder der Gruppe ja nicht wissen können, wann Sie etwas im Ablauf ändern. Gruppenauftritte sind auch deshalb immer schwieriger, weil viel Absprache und Koordination untereinander stattfinden muss, damit der Auftritt überhaupt funktioniert. Eine Gruppe sollte deshalb auch aus erfahrenen Ponys und Führern bestehen, die eine Shownummer relativ problemlos bewältigen können. Solche Auftritte sind viel aufwändiger, da schon die Kostüme und die Ausstattung der Ponys aufeinander abgestimmt sein muss, damit die Gruppe auch zur Wirkung kommt. Sind diese Voraussetzungen gegeben, ist es natürlich eine tolle Sache.

Wenn Sie mit Ihrem Pony zufrieden waren, ist das toll. Aber auch wenn es nicht gut lief, haben Sie und das Pony viel gelernt und Sie wissen nun, auf was Sie das nächste Mal besser achten müssen. War Ihr Pony sehr nervös, benötigt es noch einiges an Erfahrung, um im Ring gelassener zu bleiben. Haben Sie selbst die Nerven verloren, dann gilt das gleiche für Sie. Wägen Sie die positiven und die negativen Eindrücke gegeneinander ab, um für den nächsten Auftritt gerüstet zu sein. Und denken Sie vor allem daran: *Ein Schauauftritt ist kein Wettkampf. In erster Linie soll er einfach Spaß machen!*

Lancelots Lieblings-Showprogramm

Unser erster großer Auftritt mit Olympiasieger Martin Schaudt und Loesdau's Loriot beim Elitepreis von Affalterbach war der aufregendste. Mit einem Olympiasieger zusammen ein Pas-de-Deux zu bestreiten, passiert ja nicht alle Tage. Alle um Lancelot herum waren sehr aufgeregt und ich war natürlich auch nicht besonders erpicht darauf, mich zu blamieren. Zudem war Lancelot damals noch ziemlich unbekannt. Davor waren wir zu einem Fernsehauftritt im Studio eingeladen und Lancelot musste auf ganz kleinem Raum und rutschigem Boden sein Können zeigen. Durch diese Fernsehsendung wurde er dann deutschlandweit bekannt. Einmal ist Lancelot fast unter den Bauch von Hubertus Schmidts Donovan getrabt, als ich versuchte, in der Passage möglichst nahe an ihm dran zu bleiben. Zum Glück hat Donovan das nicht übel genommen und Lancelot hat es sich auch verkniffen, seinen großen Partner dabei in die Seite zu zwicken. Es ist jedes Mal ein tolles Erlebnis, auf einem internationalen Turnier oder einer großen Pferde-Gala dabei zu sein. Wir treffen die Prominenz der Reiterszene und sehen alte Bekannte wieder. Das macht einfach riesigen Spaß.

Stimm-Training

PFERDEN

Das Lexikon der Stimm-Hilfen

Was ein Pony alles wissen muss.

Das Lexikon der Stimm-Hilfen

Die Stimme des Ausbilders ist für das Erlernen von Lektionen von allergrößter Bedeutung. Entgegen den allgemeinen Gepflogenheiten in Dressurprüfungen, bei denen es sogar Abzüge für den Einsatz der Stimme gibt, verwenden wir sie für jede Lektion und gehen auch ansonsten nicht sparsam damit um. Der Lernprozess wird durch die Zuhilfenahme der verbalen Kommandos gefördert und es fällt dem Pony viel leichter zu verstehen, was wir von ihm wollen.

Es ist sehr wichtig, dieselben Kommandos immer für dieselbe Lektion oder

Benutzen Sie klare Kommandos.

Bewegung zu verwenden, um das Pony nicht zu verwirren. Die Eindeutigkeit des Kommandos muss gegeben sein, um es zuordnen zu können. Genauso wichtig wie der verwendete Begriff selbst ist die Betonung. Bei dem Kommando Teerab ist es zum Beispiel ein Unterschied, ob vom Schritt aus angetrabt oder vom Galopp aus durchpariert werden soll. Dementsprechend wird für den Wechsel in eine nächsthöhere Gangart das Kommando mit energischer Stimmlage und für den Wechsel in eine nächstniedere Gangart, mit beruhigender und tiefklingender Stimme gegeben.

Für die Piaffe verwendet man geschickterweise Schnalzlaute, die sich auf das Pony motivierend auswirken und in ihrer Kürze der Trittlänge des Ponys entsprechen. Auch hier muss deutlich zwischen einem bestimmten Schnalzlaut für die Piaffe, die Passage und den Spanischen Schritt unterschieden werden und zwar möglichst von Anfang an. Auch Kombinationen zwischen Zügel-/Gerten- und Stimmhilfen müssen berücksichtigt werden.

Ebenso sollten die Touchierpunkte des Spanischen Schritts sich deutlich von denen für das Abliegen unterscheiden, da sonst natürlich die Gefahr der Verwechslung besteht.

Grundwortschatz

Kommando	Betonung	Bedeutung
Steh	kurz energisch zum Anhalten	Ganze Parade, stehenbleiben
Scheritt	energisch zum Antreten ruhig zum Durchparieren	Schritt
Teerab	s. o.	Trab
Gaalopp	s. o.	Galopp
Gaalopp + dopp. Schnalzen	energisch	Angaloppieren aus dem Schritt
Zurück	langgezogen	Rückwärtsrichten
Fuß	energisch	Fuß geben
Ab	energisch	Absetzen des Fußes
Knie	langgezogen	Knien
Down	langgezogen	Liegen
Kompliment	langgezogen	Kompliment
Hoch	energisch	Steigen
Sitz	langgezogen	Sitzen
Allez	sehr energisch	mehr Energie
Vor	normal	Vortreten
Nein!	kurz und scharf	unerwünschte Aktion
Jaaa	ganz langgezogen	beim Bemühen d. Ponys
Braav	ganz langgezogen	Lob für gute Ausführung
… uuund …	ganz langgezogen	die stimmliche „halbe Parade" als Vorbereitung
Auf	energisch	Aufstehen
Rum	energisch	Herumtreten am Putzplatz
Bleib	normal	in Position bleiben
Warten	langgezogen	Abwarten
Komm	ruhig	Herkommen auf Ruf
Podest	normal	aufs Podest klettern

Erweiterter Wortschatz

Kommando	Betonung	Bedeutung
Schulter	langgezogen	Schulterherein
Travers	langgezogen	Travers oder Traversale
Küsston	im Tritt-Tempo	Piaffe
Gleichmäßiges Schnalzen	im Tritt-Tempo	Passage
Gleichmäßiges Schnalzen	im Schritt-Tempo	Spanischer Schritt
Doppel-Schnalzen	energisch	Galopp-Pirouette
Clock-Ton	kurz vorher	Fliegender Wechsel
Pfiff	scharf	Achtung!

Was Lancelot alles versteht

Lancelot kann sehr viele verschiedene Kommandos auseinanderhalten und zuordnen – wenn er will. An manchen Tagen scheinen seine Ohren einfach geschlossen zu sein und er testet aus, ob ich mich durchsetzen kann. Wenn ich zum Beispiel eine Parade longiere oder fahre, bei der er das Kommando ja ganz genau kennt und es trotzdem ignoriert, muss ich das einige Male verstärkt wiederholen, bis er es auch wieder auf ein leichtes Zeichen hin ausführt.
Bei Shows haben wir manchmal die Schwierigkeit, dass bei großer Lautstärke durch Musik und klatschendes Publikum meine Stimme ihn akustisch nicht mehr wirklich erreicht und deshalb Fehler passieren. Die Geräuschkulisse ist zum Teil so stark, dass ich sehr laut reden muss um mich verständlich zu machen. Eine Feinabstimmung ist da natürlich schwieriger als zu Hause bei völliger Ruhe und Abgeschiedenheit. Das muss ich auch immer mal wieder mit ihm trainieren, dass es im Ernstfall dann auch funktioniert. Ist er durch irgend etwas abgelenkt, müssen die Kommandos ebenfalls deutlicher gegeben werden, als das normalerweise der Fall ist.

Ausdrucksvolle Passage am Sulky

Sie können sich Ihr ganz eigenes Vokabular für Ihre Zwecke ausarbeiten. Vermeiden Sie jedoch ähnlich klingende Worte für gegensätzliche Aktionen wie z. B. „Nein" als Verbot und „Fein" als Bestätigung. Je unterschiedlicher die Kommandos sind, desto besser kann sie Ihr Pony auseinanderhalten.

>VERSTÄNDIGUNG

Das beste Stimmtraining ist sinnlos, wenn Sie Ihr Pony dazwischen ständig mit einem unverständlichen Redeschwall zudröhnen. Auch wenn's manchen schwerfällt, beschränken Sie sich auf einfache, gut zu unterscheidende Kommandos, egal um was es geht. „Mimmi-ich-habe-dir-doch-schon-gestern-gesagt-dass-du-hier-stehenbleiben-sollst", ist für ein Pferd einfach unverständliches Kauderwelsch!

Schnalzen – sinnvoll oder nicht?

Schnalztöne in der Ponyausbildung zu benutzen, ist meiner Ansicht nach eine sinnvolle und praktische Sache, weil sie sowohl in ihrer Länge als auch in der Intensität gut variiert werden können.

Für die Piaffe braucht man zum Beispiel den Schnalzton, weil er viel kürzer ist und motivierender wirkt als ein Kommando. Ein Pony macht auch in der Piaffe wesentlich schnellere Tritte als ein Großpferd und anfangs muss auch jeder Tritt stimmlich unterstützt werden. Wenn Sie mal versuchen das Wort „Piaffe" so schnell und kurz zu sprechen wie ein Pony tritt, werden Sie rasch feststellen, das das nicht praktikabel ist. Mit einem entsprechenden Schnalzton kann ich aber problemlos den Takt vorgeben.

Nun habe ich schon oft beobachtet, wie gedankenlos und vor allem auch wirkungslos das Schnalzen eingesetzt wird. Wenn ich mir angewöhne, schon bei den einfachsten Dingen wie Hufe geben, zur Seite treten oder nur Vorwärtsgehen zu schnalzen, verbaue ich mir damit die Möglichkeit, das Schnalzen für sinnvollere Aktivitäten zu verwenden. Das Pony wird abgestumpft, dadurch dass es in allen möglichen alltäglichen Situationen durch Schnalzen zu mehr Aktivität, in welcher Form auch immer, aufgefordert wird. Sehr oft bleibt dies auch noch wirkungslos und erneutes Schnalzen ist die Folge. So mutiert der Schnalzton zu einem gewohnten Hörmuster, das nach einiger Zeit meist ignoriert wird. Ich kann deshalb nur jedem empfehlen, das Schnalzen nicht für Aktionen zu verwenden, die auch durch ein verbales Kommando erreicht werden können.

Vom versammelten Galopp in die Verstärkung, ...   *... unterstützt durch Schnalzen*

>>>
Problemlösungen

Ablenkung durch Störung von außen

Überlegungen

Wie in jeder Art von Ausbildung werden auch bei uns natürlich hin und wieder Probleme auftauchen, die sich auch bei großer Vorsicht nicht immer ganz vermeiden lassen. Wichtig dabei ist jedoch, diese Probleme schon im Ansatz abzustellen und auch zu überlegen, was man als Ausbilder dabei für Fehler gemacht hat. Fehler passieren, denn wer nichts falsch macht, macht auch nichts richtig. Die Erkennung des Fehlers und das richtige Reagieren darauf machen den Unterschied aus. Bei jeder Form von Ungehorsam müssen zuerst folgende Überlegungen angestellt werden:

> *Liegt der Fehler beim Ausbilder oder beim Pony?*
> *Kann das Pony nicht richtig reagieren oder will es nicht?*
> *Liegt es nur am Nicht-Verstehen oder ist das Pony körperlich nicht in der Lage, das Gewünschte auszuführen?*
> *Stimmt die Kommunikation zwischen Ausbilder und Pony überhaupt, das heißt macht sich der Ausbilder verständlich?*

Das Pony kann zum Beispiel abgelenkt sein (bei Hengsten passiert das häufig), so dass die Kommunikation darunter leidet. Körperliche Schwäche, die es dem Pony einfach unmöglich macht richtig zu reagieren, muss der Ausbilder erkennen und sofort die Anforderungen zurückschrauben. Das Begreifen von neuen Hilfen oder neuen Lektionen kann bei dem einen Pony schnell gehen, bei anderen langsamer, darauf muss man sich einstellen. Ist nicht mangelnde Kraft oder Geschmeidigkeit die Ursache, so findet sie sich sehr oft in einfachem Nicht-Verstehen was denn eigentlich gefordert wird. Sehr wichtig ist das sofortige und ausgiebige Loben, wenn das Pony dann auch nur im Ansatz richtig reagiert hat.

Eine Möglichkeit, die oft vergessen wird: Zwischen zweieinhalb und fünfeinhalb Jahren zahnen Ponys und Pferde und schon manches Tier, das scheinbar stur und maulig war, hatte schlicht und ergreifend Zahnschmerzen! Auch Wolfszähne, kleine, vor den Backenzähnen stehende Zähne können, wenn sie entzündet sind, zu großem Unbehagen führen und Haken an den Backenzähnen, die ein Pony sein ganzes Leben lang immer wieder bekommen kann, können die Backenschleimhaut verletzten. Mit Zahnproblemen, gleich welcher Art, geht jedenfalls kein Pony gut und zufrieden.

Im Laufe der Ausbildung kommt es im Idealfall zu vielen Fortschritten. Das Pony hat durch das systematische Training gelernt, dass seine Bemühungen und Anstrengungen belohnt werden. Es hat Vertrauen zu seinem Menschen.

Ein Teufelskreis

Es wäre aber doch zu einfach, wenn alles immer so glatt ginge! Zu vielen Fortschritten gehören ganz natürlich auch einmal gewisse Rückschritte. Das ist eigentlich nicht schlimm, aber wie geht es dann weiter? Ein Beispiel: Ein gut mitarbeitendes Pony beginnt zu zahnen. Falls der Ausbilder dies an den Reaktionen rechtzeitig erkennt, sind nur ein paar Wochen Schonzeit und Arbeit ohne Gebiss vonnöten und alles ist wieder in Ordnung. Bemerkt er das nicht und wertet die Abwehr und Mauligkeit als Widersetzlichkeit, nimmt das Unglück seinen Lauf. Durch die Schmerzen im Maul nimmt das Pony das Gebiss nicht an. Es versucht sich vom Zügel zu befreien und spannt die Unterhalsmuskulatur an. Wird das Pony weitergearbeitet, verspannt sich auch die gesamte Rückenmuskulatur und der Gang wird steif und unelastisch. Durchlässige Paraden sind nicht möglich, also wird der Einsatz der Hand verstärkt. Noch mehr Abwehr ist die Folge. Ein ver-

spanntes Pferd belastet auch die Sehnen und Gelenke über Gebühr, da die Muskulatur das Körpergewicht nicht mehr abfedern kann. Das Pony wird völlig verbiestert und will irgendwann überhaupt nicht mehr mitarbeiten, was dann meistens stärkere Strafen nach sich zieht. Eine weitere Ausbildung ist so nicht mehr möglich und im schlimmsten Fall entstehen Maul- und Zungenfehler, die kaum noch korrigiert werden können. Das ist der Domino-Effekt, oder auch einfach ein Teufelskreis, in den man sich hineinmanövrieren kann, wenn man bei Widersetzlichkeit nicht sorgfältig forscht und überlegt, was der Grund dafür sein könnte. Darum: Zuerst die Ursache herausfinden, wenn ein Problem auftaucht. So vermeidet man diesen Domino-Effekt.

Schlechte Phasen lassen sich am besten mit Koppelgang überbrücken. Es schadet nicht, mal eine Pause einzulegen. Nicht selten kommt ein Pony besser von der Weide zurück, als es dahin ging.

Dominanz

Rückwärtsrichten zum Wiederherstellen des Gehorsams

Fredy Knie bekam einmal einen Araberhengst zur Ausbildung, der bei der ersten Begegnung steigend und mit den Vorderbeinen fuchtelnd auf ihn losging. Die meisten Leute hätten erwartet, dass er nun seinerseits auf ihn losgehen würde, um ihm zu zeigen, wer der Herr ist. Er tat nichts dergleichen. Das Dominanzproblem löste er auf die ihm eigene und unverwechselbare Art. Ohne ihn auch nur einmal mit der Peitsche zu berühren ließ er ihn rückwärtstreten und nach mehreren Versuchen tat er das auch. Das Rückwärtsgehen ist in einer Pferdeherde die Anerkennung der Überlegenheit des Gegners. Ein Pferd, das zurückweicht, akzeptiert sein Gegenüber als ranghöher.

Wenn man sich ohne Gewalt durchsetzen kann, gewinnt man den Respekt des Pferdes für sich.

Gehorsam

Gehorsamkeit ist heutzutage leider keine Selbstverständlichkeit mehr. In der Pferdeerziehung schon gar nicht. Leider wird unser dickköpfiges Pony die bittenden und betenden Worte einer zaghaften Natur auf Dauer nicht sehr ernst nehmen. Deshalb gehören Konsequenz und Gehorsam immer zusammen. Auch ein Pony ist kein Spielzeug sondern verdient unseren Respekt.

Es muss aber auch seinen Ausbilder respektieren und darf ihn nicht als gleichgestellten oder gar rangniedrigen Kumpel einstufen. Als Ausbilder muss man dem Pferd gegenüber immer die Alpha-Position des Ranghöheren haben oder man hat buchstäblich nicht mehr die Zügel in der Hand. Bei einem offensichtlichen Ungehorsam muss man blitzschnell entscheiden, ob *Unwillen* oder *Unvermögen* die Ursache ist.

Strafe

Was für Strafen kennen wir?

> *Weglassen der Belohnung (das ist die geringstmögliche Strafe)*
> *Wiederholung der Lektion*
> *Verstärkung der Hilfengebung*

Warum kann oder will mein Pony nicht so wie ich möchte?

> *Ihre Hilfen sind unklar oder für das Pony nicht verständlich*
> *Das Pony ist nicht in der Ausgangsposition, dass die Lektion ausgeführt werden kann*
> *Das Pony ist körperlich noch nicht in der Lage das Gewünschte auszuführen*
> *Körperliche oder mentale Spannungen*
> *Angst oder Schmerzen*

Wenn Ihre Hilfen unklar sind, nützt es kein bisschen, das Pony zu strafen. Wenn es körperlich gar nicht in der Lage ist, eine Lektion auszuführen, ebenfalls nicht. Ein Pony, das noch zu schwach für eine Übung ist, muss zuerst entsprechend darauf vorbereitet werden und bei Spannungen, Angst oder Schmerzen ist es nur kontraproduktiv zu strafen.

Nur bei einem Pony, das wohl könnte aber gerade mal seinen Dickschädel durchsetzen will, sehr unaufmerksam ist oder sich nicht genug anstrengt, ist es sinnvoll, sich durch eine Verstärkung der Hilfengebung, das durchaus auch einmal die Gerte sein kann, durchzusetzen.

Die Strafe für Unwillen sollte sofort erfolgen, kurz und angemessen sein. Bei vielen Ponys reicht als erste Verwarnung ein scharfer Ton oder Pfiff. Beim nächsten Ungehorsam muss die Strafe deutlicher sein. Sobald das Pony nachgibt und guten Willen zeigt, ist es ausgiebig zu loben. Schließlich muss für das Tier ein Unterschied erkennbar sein. Leider sieht man sehr häufig, dass zwar bei jedem Ungehorsam gestraft, bei einer guten Leistung aber kaum gelobt wird.

Bei Unvermögen ist es als ganz und gar „unreiterlich" einzustufen, etwas von einem Pony zu verlangen, zu dem es nicht in der Lage ist. Vielleicht einfach NOCH NICHT. Wenn man das erkennt, sollte die Übung sofort abgebrochen und mit etwas Einfachem die Stunde gut abgeschlossen werden. Zerteilen Sie die Übung in viele kleine Einzelschritte und Ihr Pony wird bald in der Lage sein, sie auszuführen. Eine andere Möglichkeit ist, den Schwierigkeitsgrad einer Lektion herabzusetzen, indem Sie die Lektion im Schritt ausführen lassen anstatt im Trab, weniger Abstellung verlangen oder einfach weniger Tritte. Bei auffälligem Ungehorsam sollte man sich immer zuerst fragen, ob dem Pony nicht körperlich irgendetwas wehtut.

Sichtbare Verwirrung

Übermäßiges Schwitzen

Im Gegensatz zu einigen anderen Pony-ausbildern und -züchtern bin ich kein Gegner des Scherens. Shettys und Minis entwickeln gemäß ihren ursprünglichen Lebensbedingungen ein Fell wie ein Eisbär. Es schützt sie gegen Kälte, Wind und Regen. In Freiheit kommen sie trotzdem selten ins Schwitzen, da sie über viele Stunden am Tag gemächlich im Schritt unterwegs sind, um zu grasen.

Wenn ein Pony in unseren gemäßigten Zonen mit mittlerweile immer wärmeren Temperaturen sein Leben als Zucht- oder Beistellpony fristet, ist das auch gut zu verkraften. Sie bewegen sich nur so viel wie ihnen angenehm ist.

Der Vorsatz, ein Pony nicht verfetten zu lassen und es schlank und sportlich zu halten, steht jedoch in krassem Gegensatz zur Entwicklung des Fells. Stellen Sie sich vor, Sie müssten an einem warmen Frühlingstag im dicken Pelzmantel eine Stunde joggen gehen! Das wäre die Forderung an ein Pony, das, bis weit in den Frühsommer hinein und ab Frühherbst ja schon wieder, dicken Pelz trägt. Ein schweißnasses Pony mit dickem Fell nach einer Stunde Arbeit wieder trocken zu bekommen ist fast nicht möglich. Selbst das Eindecken mit einer Abschwitzdecke ist nicht immer erfolgreich. So stehen dann die Tiere mit klammem Fell im Winter in

der Kälte und im Frühjahr und Herbst in der Wärme. Es grenzt einerseits schon an Tierquälerei und andererseits kann man von einem solchen Pony auch keine sportlichen Leistungen erwarten, wenn es nach zehn Minuten Trab schon schweißgebadet ist.

Es gibt verschiedene Möglichkeiten der Teilschur im Winter, so dass das Pony nicht friert, aber auch nicht übermäßig schwitzt beziehungsweise in einer angemessenen Zeit wieder trocknet. Diese Teilschuren kann man auch solange hinziehen, bis der natürliche Fellwechsel stattgefunden hat. Sollte es einmal direkt nach dem Scheren extrem kalt werden, so kann man eine wasserdichte Paddockdecke auflegen, die es heute in allen Größen, auch für Shettys, gibt.

Erleichterung bei der Arbeit

Zeit

Zeit ist heutzutage ein hohes Gut, das viele nicht mehr oder nur sehr begrenzt zur Verfügung haben. Wenn man Besitzer nur eines Ponys ist, bekommt man das meist ganz gut geregelt. Bei mehreren Pferden gestaltet sich das Training schwieriger. Berufstätige müssen in den Abendstunden ihr Pensum absolvieren und finden dann überfüllte Hallen und Reitplätze vor. Die zeitliche Organisation ist daher sehr wichtig.

Zum Glück haben wir Ponys! Sowie es das Wetter zulässt, können wir raus auf eine Wiese und dort trainieren. Beschlagene Großpferde rutschen, treten sich die Eisen ab oder stolpern häufig auf Gras oder unebenem Grund. Wir haben den großen Vorteil, dass Ponys trittsicher wie Bergziegen sind und sich meist auch keine Eisen heruntertreten, weil sie keine

Zeitmangel bringt Stress.

brauchen. Dadurch gestalten sich die Möglichkeiten viel flexibler, als wenn man unbedingt in eine Halle muss. Vielleicht kann der eine oder andere auch morgens vor der Arbeit in den Stall gehen oder in der Mittagspause. An den Wochenenden kann intensiver gearbeitet werden und an Wochentagen auch mal nur ein Kurzprogramm mit Zirzensik angehängt werden.

Ein Wochenablauf, der das Wochenende und zwei Tage unter der Woche als

„Arbeitstage" enthält, ist ein guter Anhaltspunkt für das Arbeitspensum. Es muss absolut nicht jeder Tag ein volles Programm enthalten, im Gegenteil. Gerade die Entspannung zwischendurch, Ruhe- und Koppeltage oder einfach ein Spaziergang ins Gelände fördern die Motivation des Ponys.

Wenn Sie genügend Zeit haben, beobachten Sie Ihre Ponys auf der Koppel. Das ist sehr lehrreich.

Ziele

Auch das kann ein Ziel sein.

Wenn man kein Ziel vor Augen hat, auf das man hinarbeiten kann, verliert man aber auch schnell die Orientierung. Ziele müssen keineswegs hochgesteckt sein. Sie müssen aber vor allem realistisch und erreichbar sein.

Um ein etwaiges „Endziel" zu erreichen, z. B. die Teilnahme an einem Showprogramm, sollte man sich mehrere Zwischenziele setzen, bei denen die jeweils nächste Etappe gut erreichbar ist. Konzentrieren Sie sich auf das nächste „Zwischenziel" und nicht auf das letztendliche Ziel. Nach jeder Etappe ist man seinem Endziel schon etwas näher gekommen und hat dabei immer und auf

Sich Ziele zu setzen und diese zu verfolgen ist richtig und auch wichtig, um den eigenen Ehrgeiz zu wecken, etwas Bestimmtes zu erreichen. Leider werden heutzutage im Turniersport oftmals hohe Ziele gesetzt und verfolgt, ohne Rücksicht auf das Tier. Der regelrechte Verschleiß von Pferden ist die Folge. Ich hoffe wirklich inständig, dass diese Art mit Pferden und Ponys umzugehen im Freizeitreiterbereich nicht auch Schule macht. Krankhafter Ehrgeiz und wohl auch Defizite im eigenen Selbstwertgefühl sind Gründe dafür.

> **>ZEIT-TIPP**
>
> *Wenn Sie an einem Tag nur wenig Zeit haben, dann verzetteln Sie sich nicht mit dem Üben von Lektionen. Sinnvoller ist es dann, sein Pony einfach locker zu machen und über den Rücken zu arbeiten, egal ob an der Doppellonge oder am Langen Zügel. Wenn Sie das eine halbe Stunde lang tun, ist das viel besser, als in kurzer Zeit an Sachen zu arbeiten, die eventuell mehr Zeit benötigen als Sie gerade haben.*

jeden Fall an Erfahrung gewonnen. Auch eventuell eintretende Rückschläge müssen mit eingeplant werden, denn sie passieren zwangsläufig. Seien Sie flexibel, um dann eine geplante Etappe zu umgehen und ein anderes Zwischenziel zu setzen. Es macht keinen Sinn, seinen Plan einfach stur durchzusetzen, schließlich müssen Sie sich ja auch nach den jeweiligen Fortschritten Ihres Ponys richten. Kommen Sie nicht so schnell voran wie Sie dachten, dann planen Sie einfach ein neues Zwischenziel. So verhindert man Frustration und geht einfach einen kleinen Umweg.

Veränderungen

Lancelot vierjährig beim Kauf

Die richtige Gymnastizierung formt einen schönen Körper und gibt dem Pferd Ausstrahlung. Ein schlecht ausgebildetes Pferd wirkt traurig und man sieht selbst im Stehen, dass da etwas falsch ist. Aus einem jungen unbemuskelten Pferdchen einen kleinen Athleten zu machen, ist auch eine Freude fürs Auge. Richtige Ausbildung sieht, von Ausnahmen einmal abgesehen, auch „richtig" aus. An der körperlichen Präsenz eines Ponys erkennt selbst der Laie, dass es sich wohlfühlt und gesund ist. Wenn sich die richtige Muskulatur entwickelt, ist das ein Indiz für eine korrekte Ausbildung. Die Performance des Ponys und die Gesamterscheinung sind sozusagen die Visitenkarte des Ausbilders. Sehen Sie sich deshalb die anderen Pferde eines Ausbilders genau an, bevor Sie Ihr Pony zum Training geben.

Lancelot gut bemuskelt als Zehnjähriger

Wer ist der Boss?

Ein Hengst-Laie, besonders ein Kind, ist mit dieser Aufgabe meist überfordert, obwohl wir hier „nur" von Ponys sprechen. Glücklicherweise werden Ponys im Gegensatz zu ihren größeren Kollegen, während der Aufzuchtphase und auch später, meist in Herden oder größeren Gruppen gehalten. Dadurch haben sie Sozialverhalten gelernt und können sich unterordnen. Sie zeigen das normale Pferdeverhalten, können andere Ponys und ihre Reaktionen einschätzen und auch normal darauf reagieren. Pferde, die alleine aufgezogen und dann in der bei Großpferden üblichen Gitterboxen-Einzelhaft gehalten wurden, zeigen oftmals ein gestörtes Sozialverhalten, weil sie es nicht oder nicht ausreichend gelernt haben und auch nicht ausleben können. Hat ein Pony durch seine Artgenossen bereits gelernt, dass es sich einem Ranghöheren fügen muss, werden wir auch in der Ausbildung keine großen Schwierigkeiten haben ihm klarzumachen, dass der Mensch hier der Ranghöchste ist. Das beginnt schon beim Führen. In der Hirarchie einer Pferdeherde, und sei sie auch noch so klein, darf ein rangniedriges Mitglied ein ranghöheres nicht überholen. Die vordere Position ist die Führungsposition und die darf man sich als Mensch auf keinen Fall nehmen lassen. Stürmt ein Pony

Erziehung ist für Hengste besonders wichtig.

beim Führen respektlos am Führer vorbei und rempelt ihn womöglich noch an, so sieht man schon daran, dass es bereits der Häuptling ist. Man glaubt nicht wie wichtig es ist, beim Führen auf diese Rangfolge zu achten und diese auch äußerst konsequent durchzusetzen. Gelingt das schon nicht, kann man bei äußeren Ablenkungen durch Stuten wohl damit rechnen, dass die Situation außer Kontrolle gerät. Das ist gefährlich, auch bei Ponys! Ein konsequentes Dominanztraining ist daher bei Hengsten mehr oder weniger unumgänglich. Es gibt natürlich auch unter Ponys Hengste, die in ihrer Herde rangniedrig waren. Mit ihnen wird man wahrscheinlich sehr viel weniger üben müssen.

Einen Hengst zu erziehen, damit er sich unterordnet, ist keineswegs dasselbe wie Demütigung oder Unterwerfung. Wir benutzen dieselben Verhaltensweisen wie es Pferde tun und deswegen bedeutet Unterordnung für ein Pony auch keinen Psychoterror. Wie die Herdenchefs wildlebender Pferde übernehmen wir die Führungsposition und bieten dabei dem Rangniedrigen auch gleichzeitig Schutz und Sicherheit. Auch beim Füttern kann es z. B. nicht angehen, dass agressives oder rüpeliges Verhalten an den Tag gelegt wird. Unser Hengst muss zwar nicht warten bis der Mensch seine Portion vertilgt hat, aber schubsen, drängeln und beißen darf nicht geduldet werden. Genausowenig wie das beliebte „Strick aus der Hand reißen" wenn nur ein Grasbüschel in Sicht kommt.

Da nur der ranghöchste Hengst überhaupt zum Decken kommt, stellt es eigentlich auch kein Problem dar, einen Hengst zu halten, der nicht decken soll. An Stuten vorbeilaufen oder auch gemeinsam zu laufen sollte eigentlich keine Schwierigkeit sein. Anbaggern muss jedoch unterbunden werden. Problematischer ist es mit Hengsten, die schon gedeckt haben oder sich im Deckeinsatz befinden. Hier würde ich empfehlen, nicht den direkten Kontakt zu Stuten einzugehen, schon um eine Konfliktsituation und Stress für den Hengst zu vermeiden. Aber die Reaktionen der Hengste sind natürlich auch so individuell wie sie selbst. Ich kenne Hengste, die decken und

Wer hat hier das Sagen?

> **>VERHALTENS-TIPP**
>
> *Es fällt ungeheuer schwer, ich weiß, aber wenn Sie Ihren Ponyhengst ständig knuddeln und tüddeln (was die meisten Hengste gar nicht leiden können), dann wird es für Sie sehr schwierig, die Rolle des „Herdenchefs" glaubwürdig darzustellen. Ihre Position wird angezweifelt. Ein Lob zur rechten Zeit ist wichtig, das kann natürlich auch ein Streicheln sein. Hüten Sie sich jedoch davor, ständig zu schmusen, nur weil er doch so „süß" ist.*

absolut unkompliziert mit Stuten zusammen geritten werden können. Lässt sich der Hengsttrieb auch durch Erziehung nicht in den Griff bekommen, ist eine Kastration realistisch ins Auge zu fassen, denn ein guter Wallach ist besser als ein schlechter Hengst. Es ist einfach nicht jedes Pony dafür geeignet, unkompliziert als Hengst gearbeitet zu werden und ist er nicht gut genug als Deckhengst, macht es eigentlich auch keinen Sinn.

Wenn Sie einen Hengst haben und Sie möchten ihn wirklich artgerecht halten, dann ist ein Familienverband die schönste Lösung. Auch Hengste möchten knabbern, spielen und gegenseitige Fellpflege betreiben. Lancelot kann bequem das ganze Jahr über mit Stuten und Fohlen gehalten werden und die Kleinen können gut mit ihm rennen und spielen. Er hat die Möglichkeit auch Hengst sein zu dürfen, denn sie sind immer zusammen im Familienverband. Wenn wir dann auf „Geschäftsreise" sind, gibt es trotzdem keine Probleme mit dem Verlassen der Herde. Die Freude ist aber riesengroß, wenn er zurückkommt.

Es ist zudem interessant zu beobachten, wie er in der Gruppe genau die gleichen Verhaltensweisen zeigt wie Wildpferde. Sein Beschützerinstinkt ist sehr ausgeprägt, was eine Katze, die einmal unbedacht in die Ponyweide spazierte, fast das Leben gekostet hätte.

Wie ich Probleme mit Lancelot löse

Im Laufe der Jahre hatten wir natürlich wie jeder andere Reiter mit seinem Pferd auch immer mal wieder Probleme und Diskussionen. Bei keinem Pferd habe ich soviel daraus gelernt wie bei ihm. Lancelot ist ein Macho- aber ein ganz sensibler. Sich mit ihm anzulegen, hat nie etwas gebracht, sondern auftretende Probleme nur verschlimmert. Ich habe immer wieder festgestellt, dass es am besten ist, etwas bereits im Keim aber in aller Ruhe zu beseitigen und keinesfalls die Nerven zu verlieren, auch wenn das manchmal schwer ist. Unser erster Showauftritt war ein Desaster, weil er sich durch die anderen fremden Pferde einfach nicht mehr beruhigen wollte. Wir haben zwei Tage lang versucht, das in den Griff zu bekommen und es war nicht möglich. Während dieser Veranstaltung hat er es auch geschafft, nachts aus der Box auszubrechen und das Stallpersonal stundenlang auf Trab zu halten. Das hat ihm den Spitznamen „Tüpfelterror" eingebracht. Später wurde das von mal zu mal unkomplizierter und durch ruhige Gewöhnung bei großer Konsequenz auch abgestellt. Man muss bei ihm unbedingt einen kühlen Kopf bewahren.

Wie lerne ich selbst am besten?

Das deutsche Tierschutzgesetz beinhaltet unter anderem den Passus, dass man einem Wirbeltier keine unnötigen Leiden und Schmerzen zufügen darf. Meiner Meinung nach passiert aber gerade das am häufigsten aus Unwissenheit des Reiters oder Besitzers. Auch die Ponybesitzer, die nicht reiten, können ihr Pferd unwissentlich quälen. Ein adäquates Grundwissen in einigen Bereichen halte ich daher für jeden, der sich mit Pferden und Ponys beschäftigt, für extrem wichtig. Man sollte außer der Reitlehre auch über die häufigsten Krankheiten und ihre Behandlung Bescheid wissen. Vor allem wenn man eigene Ponys hält, muss man erkennen können, wenn das Pony sich nicht wohlfühlt. Von der Entscheidung den Tierarzt zu rufen oder nicht, kann sein Leben abhängen. Können Sie erkennen und abwägen, ob es sich um eine Unpässlichkeit oder eine ernsthafte Erkrankung handelt? Auch die Krankheitsvorsorge, die dazu dient, manche Erkrankung zu verhindern, wie Wurmprophylaxe, Impfungen, Verbesserung der Haltung, Hufpflege etc. ist sehr wichtig. Bei einem Unfall oder einer plötzlichen Erkrankung müssen Sie Erste Hilfe leisten können. Dazu zählt beispielsweise das korrekte Anlegen eines Verbandes, das Messen der PAT-Werte oder das Verladen eines ver-

letzten Pferdes. Auch die Unfallverhütung im Rahmen des Umgangs mit dem Pferd darf nicht unterschätzt werden. Bundesweit passieren viele sehr schlimme Unfälle im Reitsport. Zu sehen bekommt man nur die wenigen spektakulären Stürze bei Geländestrecken oder Steeplechase-Rennen. Weit mehr passiert aber im Bereich der Freizeitreiterei. Nirgendwo gibt es eine solche Ansammlung von mangelndem Wissen und Können in Verbindung mit katastrophaler Selbst-

Lancelot kann „Lesen und Schreiben".

überschätzung. Viele Unfälle dieser Art könnten vermieden werden. Für die Gesundheit des Ponys ist der große Themenbereich Fütterung unter Umständen lebensverlängernd. So entstehen zum Beispiel die meisten Koliken durch Fütterungsfehler der unterschiedlichsten Art. Gerade Ponys sind, was die Fütterung angeht, zwar anspruchsloser, sollte dabei aber etwas schiefgehen (Kolik durch verdorbenes Futter, Vergiftung, etc.) ist es oft schlimmer als bei Großpferden. Durch den kleinen Körper und die geringere Masse kann sich ein Pony schneller vergiften als ein Warmblüter.

Auch die natürlichen Verhaltensweisen der Pferde zu kennen kann Unfälle verhindern. Menschen, die Stimmungen und Gesten eines Pferdes nicht erkennen können, laufen sehr oft Gefahr, verletzt zu werden. Ein aufmerksamer Beobachter kann manches Verhalten voraussehen und eine Gefahrensituation vermeiden. Pferde sind nun einmal Tiere mit schnellen Reaktionen und ein Pferd wird nicht blass vor Schreck, sondern feuert mit den Hinterbeinen wie ein Dampfhammer aus.

Reiten gehört zu den gefährlichsten Sportarten und das vielfach aus oben genannten Gründen. Man kann also durchaus behaupten, dass Wissen und Können die aktivsten Unfallverhüter und Tierschutzmaßnahmen sind. Dieses Grundwissen kann man sich nur über Jahre hinweg durch Interesse an der Materie aneignen.

Unterricht

Guter und regelmäßiger Unterricht bei einem geeigneten Pädagogen ist durch nichts zu ersetzen. Bewegungsabläufe erlernen, Hilfen koordinieren, das richtige Maß finden und Lektionen beurteilen, hierfür braucht es eine enorme Erfahrung und viel Wissen und Können. Autodidaktisch, das heißt im Eigentraining zu lernen, ist nur sehr wenigen Menschen gegeben. Der durchschnittliche Reiter oder Fahrer braucht, um erfolgreich zu lernen, den Ausbilder, der ihn korrigiert, ermutigt

Der Lehrer erklärt wie es funktioniert.

>LERN-TIPP

Buchen Sie zumindest in regelmäßigen Abständen eine Einzelstunde bei Ihrem Ausbilder, um sich „durchchecken" zu lassen. Sehr leicht schleichen sich immer wieder Fehler in der Einwirkung und Hilfengebung ein, die bei längerem Bestehen zu recht hartnäckigen und schwer korrigierbaren Problemen werden. Alleine ist man da oft hilflos und nach gewisser Zeit auch „betriebsblind", das heißt man bemerkt solche eingefleischten Fehler selbst überhaupt nicht mehr.

und die Dinge wieder ins rechte Licht rückt, wenn etwas schiefgegangen ist. Arbeitet man immer nur alleine, schleichen sich zwangsläufig Fehler ein, die nur sehr schwer wieder zu korrigieren sind. In jeder Sportart ist es normal, zum Training zu gehen. Wenn man lernen will Geige zu spielen, funktioniert das ohne Lehrer auch nicht. Viele Reiter hingegen meinen ohne Unterricht auszukommen, da sie ja nur Freizeitreiten wollen. Wie armselig sind diese Pferde dran, deren Reiter nicht einmal wissen, was sie ihnen antun. Die weitaus meisten Quälereien geschehen schlichtweg aus Unwissenheit! Schon so einfache Dinge wie falscher Beschlag oder unpassendes Sattelzeug, scharfe

Gebisse oder nichterkannte Krankheiten können ein Pferd dauerhaft schädigen. Und das Schlimme daran ist, dass der Besitzer es doch nur gut meinte. Deshalb braucht man einen erfahrenen Lehrer und viele Jahre regelmäßigen Unterricht, sowohl in der Theorie als auch in der Praxis. Und der bekannte Spruch „man lernt nie aus", trifft auf keine Sportart so zu, wie auf das Reiten und den Umgang mit dem Pferd. Das Erstaunliche daran ist jedoch: Je mehr man weiß und kann, desto mehr Spaß macht das Ganze und desto mehr weiß man, wie wenig man eigentlich kann. Man vergleiche nur den Anfänger, der glaubt reiten zu können sobald er nicht mehr dauernd herunterfällt und den erfolgreichen Turnierreiter, der manchmal am Erlernen einer einzigen Lektion fast verzweifelt und glaubt er lernt es nie.

Der Schüler versucht es danach umzusetzen.

Lehrgänge und Seminare

Auch Kurse und Lehrgänge bieten hierbei wertvolle Hilfe auf dem Weg zum passionierten Horseman. Allerdings sollte man genau sondieren, was angebotene Kurse beinhalten und von wem sie geleitet werden. Schon mancher hat einen teuren Lehrgang bezahlt und war hinterher so schlau wie vorher. Besondere Vorsicht ist geboten, wenn im Rahmen eines solchen Kurses anscheinend unbedingt benötigte Ausrüstungsteile oder Gegenstände erworben werden sollen, die über ein vernünftiges Normalmaß hinausgehen.

> *Stimmen die fachlichen Qualitäten des Lehrgangsleiters (Können, Wissen, Pädagogik etc.)?*
> *Wird jeder Teilnehmer individuell betreut oder alle im 08/15-Verfahren abgehandelt?*
> *Beinhaltet der Lehrgang auch die Vermittlung von theoretischem Wissen?*
> *In welchem Zeitrahmen werden welche Inhalte vermittelt?*
> Versprechungen wie: „Lernen Sie piaffieren in zwei Tagen", sind unseriös, wenn die Teilnehmer gar nicht die Voraussetzungen dafür haben.
> *Um einen Lernerfolg vorzutäuschen, werden den Pferden oder Ponys teilweise Lektionen abverlangt, denen sie noch nicht gewachsen sind.*

„Denk' mal, beim Lehrgang XY am Wochenende konnte ich auf einmal passagieren!" Ein kurzzeitiger Scheinerfolg löst sich zu Hause dann in Luft auf und man ist frustriert.

> *Kann ich das, was ich im Lehrgang lerne, dann zu Hause auch alleine umsetzen?*
> *Wurde das Gelernte auch so erklärt, dass man daran alleine weiterarbeiten kann?*

Ein Lehrgang bei einem seriösen Lehrgangsleiter, bei dem fundiertes Fachwissen sowohl in der Theorie als auch in der Praxis vermittelt wird, ist auf jeden Fall empfehlenswert.
Bei selbsternannten „Gurus" sollte man vorsichtig sein.

> BERATUNGS-TIPP

Viele Probleme kann man klarer sehen, wenn man einfach einmal eine ganz unvoreingenommene und kompetente Person „draufschauen" lässt. Bei vielen Problemen, vor allem den hausgemachten, passt nämlich das Sprichwort „den Wald vor lauter Bäumen nicht sehen".

Lernen durch Zuschauen

„Mit den Augen stehlen", ist eine ausgezeichnete Methode sich weiterzubilden. Und ist noch meist kostenlos dazu! Allerdings ist eine gewisse Vorbildung, ein Mindestmaß an reiterlichem Verständnis notwendig, um überhaupt etwas zu erkennen und Schlüsse daraus zu ziehen. Das eigentliche Problem beim Zuschauen besteht nur darin, dass bei einem guten Reiter kaum etwas zu sehen ist. Wie von Geisterhand scheint das Pferd sich zu bewegen. Bei einem schlechten Reiter sieht man zwar „viel", aber natürlich nicht das, was man lernen will. Einem Fachmann zuzuschauen, der das, was er gerade tut, auch kommentiert, ist der ideale Weg um vom Zusehen etwas lernen zu können. Mit der Zeit kann man so ein „geübtes Auge" entwickeln. Auch das Zuschauen auf den Abreiteplätzen der Turniere kann

Lernen Sie durch Zuschauen, wo immer es geht.

eine sinnvolle Sache sein. Allerdings nur, wenn man Reitern zusieht, die gut und gefühlvoll auf ihr Pferd einwirken. Schlechte Bilder sollte man sich nicht unbedingt zu Gemüte führen, außer als abschreckendes Beispiel.

Fachliteratur

Wenn man sich ernsthaft für die Ausbildung von Pferden und Ponys interessiert, dann sollte das Lesen von Fachliteratur sowie das Anschauen von entsprechenden Lehrfilmen keine Belastung sondern ein Vergnügen sein. Die Materie ist einfach zu interessant, um es nicht zu tun! Versuchen Sie, dazuzulernen bei jeder

Gelegenheit, die sich bietet. Für Ihr Pferd oder Pony müssen Sie ein Führer sein.

In der Geschäftswelt gibt es den Spruch: „Leaders are Readers" (Führungspersönlichkeiten sind Leser). Das trifft beim Umgang mit dem Pferd ganz besonders zu. Je mehr Sie sich weiterbilden, umso mehr macht es Spaß.

Zum Abschluss

Ich hoffe, ich konnte Ihnen mit diesem Buch einige Möglichkeiten aufzeigen, die Sie sinnvoll bei Ihrem Pony anwenden können.

Jeder, der mit Pferden arbeitet, hat einen gewissen eigenen Stil und eine eigene Art mit ihnen umzugehen. Ihr Pony kennen Sie selbst am besten. Deshalb sollten Sie nicht nur Ihr Pony, sondern auch sich selbst nie unter Druck setzen. Druck erzeugt Gegendruck und das kann in der Ausbildung von Tieren fatal sein. Ebenso haben unterschiedliche Individuen ein unterschiedliches Lerntempo. Auch beim Menschen ist das so. Es gab schon Leute, die mir sagten, sie würden sich wie „behindert" anstellen oder seien Grobmotoriker, nicht fähig, feine Hilfen zu geben. Sie brauchen vielleicht einfach etwas länger, um das Gefühl dafür auszubilden. Das ist doch nicht schlimm, oder? Aber in unserer heutigen Gesellschaft muss immer alles schnell gehen. Deshalb macht es ja auch oft keinen Spaß mehr. Kaum hat man mit etwas angefangen, sollte es schon perfekt funktionieren. Da ist der Frust programmiert, denn mit Pferden geht es nunmal langsam zum Ziel.

Freuen Sie sich einfach, wenn ihr Pony heute ein klein bischen besser ging als gestern und viel besser als letztes Jahr. Das ist die richtige Einstellung. Dabei wünsche ich Ihnen ganz viel Spaß und Begeisterung bei der tollsten Sache, die es gibt.

Werden Sie mit Ihrem Pony zu einem Team.

Service

Zum Weiterlesen

Behling, Silke: **Wie erziehe ich mein Pferd?**
Richtiger Umgang mit Pferden, KOSMOS 2007
*Wer ein gut erzogenes Pferd haben will, muss keine
dicken Schmöker lesen. Manchmal sind es die kleinen
und einfachen Dinge des alltäglichen Miteinanders,
die darüber entscheiden, wie sich ein Pferd benimmt.
Dieser Ratgeber zeigt im Doppelseitenprinzip einfach
und übersichtlich den richtigen Umgang mit dem
Pferd, der für die Harmonie zwischen Mensch und Tier
wahre Wunder wirkt!*

Borelle B./Braun, G.: **Bea Borelles Zirkusschule**; Bühne frei für Pferde, KOSMOS 2004
*Von den grundlegenden Basisübungen bis hin zu den
Klassikern und natürlich den einzigartigen Kunststü-
cken von Pony Ben bietet diese Zirkusschule alles, was
Pferdeherzen höher schlagen lässt und die Motivation
zur Mitarbeit steigert.*

Borelle B./Braun, G.: **Bea Borelles Pferdetraining**; Bewusst befähigt begeistert,
KOSMOS 2002
*Das Motivationspaket für jeden Reiter und Pferdebe-
sitzer. Bea Borelles Pferdetraining bietet Strategien
für ein entspanntes und erfolgreiches Zusammensein
mit dem Pferd.*

Cummings, Peggy: **Bodenarbeit**; Mit
Connected Groundwork zu Bewegungsfreiheit
und Selbsthaltung des Pferdes, KOSMOS 2007
*Die Übungen des Connected Groundwork lösen und
kräftigen den Körper des Pferdes, entspannen seinen
Geist und bringen es in eine weiche, elastische Verbindung zum führenden Menschen. Bewusste Körper-
bewegungen von Mensch und Pferd bereiten beide
auf lockeres, harmonisches Reiten vor.*

Frevert, Sylvia: **Einspännig fahren**; Freude am
Fahren mit dem Pferd, KOSMOS 2008
*Mit dem eigenen Pferd nicht nur reiten, sondern auch
Kutsche zu fahren, ist der Traum vieler Pferdebesitzer.*

*Das einspännige Fahren ist ideal für alle, die mit
wenig Aufwand in diesen Sport hineinschnuppern
wollen.*

Jung, Kirsten: **Reiten – anatomisch richtig
und pferdegerecht**; Der Weg zum gelösten
und durchlässigen Pferd, KOSMOS 2007
*Der ursprüngliche Sinn der klassischen Dressuraus-
bildung besteht darin, das Pferd gesundheitsfördernd
zu trainieren. Dieses Buch erklärt die anatomischen
Gesetzmäßigkeiten verständlich und praxisnah und
zeigt auf, wie sie ins tägliche Training des Pferdes
integriert werden können.*

Resnick, Carolyn: **Tochter der Mustangs**;
Mein Leben unter Wildpferden, KOSMOS 2007
*Die Amerikanerin Carolyn Resnick lebte mehrere
Sommer mit einer Wildpferdeherde, beobachtete
diese zunächst, befolgte die Herdengesetze und
wurde so Teil der Gemeinschaft. Ihre bewegenden
Erlebnisse stillen die Sehnsucht nach tiefer Verbun-
denheit mit den Pferden und zeigen einen Weg, sich
partnerschaftlich mit ihnen auszutauschen.*

Schöning, Barbara Dr.: **Pferdeverhalten**;
Körpersprache und Kommunikation, Probleme lösen und vermeiden, KOSMOS 2008
*Wer sich mit Pferden beschäftigt, sollte wissen,
welche Verhaltensweisen zum normalen Verhaltens-
repertoire der Vierbeiner gehören und welche möglicherweise auf Krankheiten oder eine falsche Haltung
hinweisen.
Diese moderne Verhaltenslehre erklärt wissenschaftlich fundiert und dabei doch für jedermann verständlich, wie und warum Pferde ein bestimmtes Verhalten
zeigen und welche Konsequenzen dies für einen art-
gerechten Umgang hat.*

Simonds, Mary Ann: **Was Pferde wirklich
brauchen**; Der Weg zu Ausgeglichenheit und
Leistungsstärke, KOSMOS 2006

Die Verhaltensforscherin beschreibt, wie Pferde denken, lernen und welche Bedürfnisse sie haben. So zeigt sie, wie wir unseren Pferden trotz Einschränkungen ein artgerechtes, stress- und sorgenfreies Leben bieten können.

Simonds, M. A./ Dr. med. vet. Meyer, D.:
Stress bei Pferden erkennen und behandeln, KOSMOS 2007
Jedes Pferd hat Stress. Dieses Buch hilft Pferdebesitzern, die Gefühle und Bedürfnisse ihrer Pferde zu erkennen und Stress z. B. beim Verladen, beim Wettkampf und bei der Haltung zu reduzieren.

Thiel, Ulrike: **Die Psyche des Pferdes**; Sein Wesen, seine Sinne, sein Verhalten, KOSMOS 2007

Wissenschaftlich fundiert und nach neuesten psychologischen Erkenntnissen führt Dr. Ulrike Thiel ihre Leser in die Pferdepsyche ein. Sie gibt Antworten auf typische Fragen, die sich im Umgang mit Pferden ergeben: Leiden Pferde darunter, wenn wir sie reiten? Gehen Pferde gern aufs Turnier? Warum scheuen Pferde zweimal?

Widdicombe, Sarah: **KOSMOS Pferdesammelsurium**; KOSMOS 2008
Dieses Werk voller hippologischer Fakten und Kuriositäten lädt zum Stöbern und Staunen ein. Sie wollten schon immer einmal wissen, wer der Kluge Hans ist und was es mit Pulvermanns Grab auf sich hat? Ein vergnüglicher Pferde-Fundus, der keine Fragen offenlässt.

Nützliche Adressen

Sabine Ellinger
Käsbach 35
D – 71540 Murrhardt
Tel.: 0049-(0)7192-20830
www.dressur-design.de
E-Mail: webmaster@dressur-design.de

Deutsche Reiterliche Vereinigung (FN)
Freiherr-von-Langen-Str. 13
D – 48231 Warendorf
Tel.: 0049-(0)2581-63620
Fax: 0049-(0)2581-62144
www.fn-dokr.de

Vereinigung der Freizeitreiter und -fahrer\in Deutschland (VFD)
Auf der Hohengrub 5
D – 56355 Hunzel
Tel.: 0049-(0)6772-9630980
Fax: 0049-(0)6772-9630985
www.vfdnet.de

Fütterungsberatung:
iWest®
Tierernährung Dr. Meyer & Co. KG
Stoffelhof Hinterschwaig 46
D – 82383 Hohenpeißenberg
Tel: 0049-(0)8805-92020
Fax: 0049-(0)8805-920212
www.iwest.de

Register

Bildnachweis

131 Farbfotos wurden von Horst Streitferdt / Kosmos für dieses Buch aufgenommen.
Erich Ellinger (22: S. 18 o., 18 u., 24, 28, 29, 32, 34 re., 49, 79 o. li., 79 o. re., 79 mi., 79 u., 98 li.,
98 re., 113, 114, 134, 135, 145, 159), Karl-Heinz Frieler (3: S. 138, 139, 141), Roland Kehr (1: S. 142),
Julia Rau (1: S.137), Christiane Slawik / www.slawik.com (24: S. 11, 12, 13, 14, 15 li., 15 re., 17,
33, 34 li., 35, 37, 39, 42 o., 94, 115 o.,mi., u., 133, 151, 158, 159 o., 160, 161, 169).

Alle Illustrationen von Ursula Müller

Impressum

Umschlag von eStudio Calamar unter Verwendung von
einem Farbfoto von Christiane Slawik / www.slawik.com
(Umschlagvorderseite) und zwei Farbfotos von Horst
Streitferdt / Kosmos (Umschlagrückseite).

Mit 182 Farbfotos und 9 Farbillustrationen.

Gedruckt auf chlorfrei gebleichtem Papier

Unser gesamtes lieferbares Programm und viele
weitere Informationen zu unseren Büchern,
Spielen, Experimentierkästen, DVDs, Autoren und
Aktivitäten finden Sie unter **www.kosmos.de**

Alle Angaben und Methoden
in diesem Buch sind sorg-
fältig erwogen und geprüft.
Sorgfalt bei der Umsetzung
ist indes dennoch geboten.
Verlag und Autorin über-
nehmen keinerlei Haftung
für Personen-, Sach- oder
Vermögensschäden, die im
Zusammenhang mit der
Anwendung und Umset-
zung entstehen könnten.

© 2008, Franckh-Kosmos Verlags-GmbH & Co. KG, Stuttgart
Alle Rechte vorbehalten
ISBN: 978-3-440-11292-2
Redaktion: Alexandra Haungs
Produktion: Claudia Kupferer
Printed in The Czech Republic /
Imprimé en République Tchèque

Basiswissen für Einspänner-Fahrer

Sylvia Frevert

Einspännig fahren
Freude am Fahren mit dem Pferd

Sylvia Frevert
Einspännig fahren
144 Seiten, ca. 160 Farbfotos
€/D 24,90; €/A 25,60; sFr 44,90
Preisänderung vorbehalten
ISBN 978-3-440-111061-4

■ Sie suchen Abwechslung für Ihr Pferd? Sie möchten Ihre Familie an Ihrem Hobby teilhaben lassen? Dann ist Fahren die Lösung!

■ Vom ersten Einspannen des Pferdes bis zu Spazierfahrten ins Gelände – hier lernen Sie alles, was Sie als Einspänner-Fahrer wissen und beachten sollten.

KOSMOS

www.kosmos.de